バッテリマネジメント工学
電池の仕組みから状態推定まで

足立修一/廣田幸嗣 編著

押上勝憲/馬場厚志/丸田一郎/三原輝儀 著

電池とバッテリマネジメントの概要
化学電池の基礎
バッテリマネジメントの基本構成
電池のためのシステム工学
電池のモデリング
電池の状態推定

本書に登場する製品名やシステム名などは，一般に各開発会社の商標または登録商標です．本文中では基本的に ® や ™ などは省略しました．

まえがき

1990年代初頭に，小型で大容量のニッケル水素電池やリチウムイオン電池が相次いで商品化され，ノートパソコン，携帯電話，スマートフォンなど身近な家電製品において，以前にも増して電池はなくてはならないものになった．1990年代後半にはハイブリッド自動車が，21世紀に入ると電気自動車も商品化され，自動車産業においても電池は非常に重要なエネルギー源になってきた．このように，われわれの生活は電池（バッテリ）の恩恵を受けており，電池なしで日常生活を送ることはほとんど不可能になってきている．

電池を電源とするエレクトロニクス機器が増えたことによって，製品開発の現場では，電子回路や制御技術のエンジニアと電気化学のエンジニアとが共同作業を行う機会が増えてきた．しかし，細分化が進む理工系分野においてしばしば遭遇することであるが，専門用語や考え方の違いがあって，互いのコミュニケーションは必ずしも円滑でなく，このことが高度なシステムインテグレーションの障害要因の一つになっている．

一例を挙げてみよう．回路設計をするときは，回路シミュレータの利用が必須である．受動素子や半導体デバイスの多くは，メーカーからデバイスモデルが提供されていて，温度変化や経時劣化による特性の変動を組み込んだチェックを容易に実施できる．しかし，電池メーカーからの電池に関するデバイスモデルのサポートは，現状では一般に不十分である．そのため，回路設計者は，定電圧電源に適当な内部抵抗を入れる程度で電池モデルを近似することが多い．

日本は素材や部品の技術レベルは高いが，システム技術が弱いと言われることがある．電池も同様で，明治時代からの長い歴史があり，電池の素材や部品の技術レベルは高いが，電池の状態推定などの利用技術では，必ずしも優位ではなかった．欧米では，航空機や軍事衛星などの防衛宇宙産業での基幹システム（いわゆる mission-critical application）が，電池の高度利用技術を促進してきた．日本ではこのような市場が小さいため，関心が薄かったのかもしれない．しかし，これからは非軍事分野においても，電池の高度システム化技術がコアコンピタンスの一つになっていくだろう．

このような背景から，本書では，電池本体の電気化学的な物性の側面（本書ではこれを広い意味で「物理の世界」と呼ぶ），および，バッテリマネジメントシステムに代表されるシステム情報的な側面（本書ではこれを「情報の世界」と呼ぶ）の両面から，電池，特にリチウムイオン二次電池を解説することを目的とする．

具体的には，次の2点を目指した．

(1) 電子回路や制御エンジニアに電池の物理化学的な仕組みを理解してもらうために，できるだけ平易に，本質的なポイントに絞って化学電池の基礎を解説する．
(2) 電気化学のエンジニアにバッテリマネジメントシステムを理解してもらうために，システム工学の基礎であるモデリングと状態推定の理論から，MATLABによる理論の実装化までを解説する．

さて，電池に限らず，「物理」の重要性は，本書で強調するまでもなく，工学の分野や技術の現場では理解されているだろう．一方，近年では，ビッグデータに代表されるように，「情報」の重要性も再認識されてきた．重要な点は，物理と情報を単体で活用するのではなく，両者をうまく融合させることである．

このような物理と情報を融合したアプローチの重要性が，近年，幅広い分野で認識されてきた．その中において，本書で取り扱う電池は，「物理」，すなわち電池内部での現象と，「情報」，すなわち電池から測定可能な端子電圧と電流のデータを総動員して取り組む典型的な対象である．そのため，本書は，物理と情報の融合を目指す学問の実践的なテキストとして位置づけることもできるだろう．

本書の構成と執筆担当者は，以下のとおりである．
第1章（廣田，三原，馬場，足立）では，電池とバッテリマネジメントの概要について述べる．
第2章（廣田，三原）では，高度な応用システムにおいて，電池の性能を最大限に

引き出しつつ，高い信頼性を実現するために必要な，化学電池の基礎を解説する．電子回路や制御エンジニアにとっては，難易度の高い章であるが，対象とするシステム，すなわち，電池の物性を理解することは，最も重要な出発点である．

第3章（押上）では，バッテリマネジメントシステムの基本構成について解説する．特に，バッテリマネジメントシステムの自動車への応用例を中心に述べる．

引き続く第4～6章では，システム工学の立場から電池を解説する．

第4章（足立，丸田）では，電池のためのシステム工学について解説する．電池の数学モデルを構築するためのモデリング理論，特に，システム同定について，最新の成果を盛り込んで解説する．また，得られたモデルに基づいて電池の状態を推定する際に利用するカルマンフィルタについても，簡単に紹介する．

第5章（馬場，丸田）では，具体的に電池のモデリングについて解説する．特に，物理現象を考慮したシステム同定法であるグレーボックスモデリングを用いた電池のモデリング法を紹介する．

第6章（馬場，丸田）では，電池の状態推定について解説する．特に，電池の充電率（SOC）を，カルマンフィルタを用いて推定する方法について，詳しく解説する．

本書は廣田が企画し，廣田・足立で共同編集する予定であったが，諸般の事情で，最終的には足立一人で編集作業を行った．不勉強のため，本書にはミスが存在するかもしれない．それはすべて足立の責任であり，修正点があればご連絡をいただけると幸いである．

最後に，構想段階から論議していただいた慶應義塾大学理工学部物理情報工学科足立研究室，株式会社日産アーク，そしてカルソニックカンセイ株式会社の関係各位に厚く感謝いたします．本書を出版するにあたりご尽力いただいた東京電機大学出版局の吉田拓歩氏に深く感謝いたします．

2015年11月

編者 足立修一・廣田幸嗣

目次

第1章　電池とバッテリマネジメントの概要　1
- 1.1　電池のさまざまな応用分野 1
- 1.2　化学電池の概要 8
- 1.3　電池の外部特性 13
- 1.4　バッテリ電源システム 27
- 　　　参考文献 30

第2章　化学電池の基礎　31
- 2.1　鉛蓄電池 31
- 2.2　リチウムイオン二次電池 35
- 2.3　電解液における主な現象 46
- 2.4　電解液の電流電圧特性 52
- 2.5　電極界面の反応 54
- 2.6　電池の電流電圧特性 63
- 　　　参考文献 70

第3章　バッテリマネジメントの基本構成　71
- 3.1　保護・安全確保のための制御 71
- 3.2　性能確保のための制御 76
- 3.3　電池寿命確保のための制御 82
- 3.4　リチウムイオン電池の充電方法 85
- 3.5　BMSの具体的な構成 92
- 3.6　バッテリシステムの応用例 98
- 　　　参考文献 104

第4章　電池のためのシステム工学　106

- 4.1　システム工学のあらまし 106
- 4.2　システムのモデリング 107
- 4.3　システムの記述 111
- 4.4　システム同定によるモデリング 123
- 4.5　カルマンフィルタによるシステムの状態推定 140
- 4.6　システムとして見た電池 158
- 　　　参考文献 158

第5章　電池のモデリング　160

- 5.1　電池モデルの基本構成 160
- 5.2　ブラックボックスモデリング 163
- 5.3　グレーボックスモデリング 164
- 5.4　物理現象を考慮した電池モデルのまとめ 174
- 5.5　連続時間システム同定の電池への応用 179
- 5.6　付録：ファラデーインピーダンスの展開 187
- 　　　参考文献 190

第6章　電池の状態推定　191

- 6.1　電池の状態推定 191
- 6.2　モデルに基づく SOC 推定 206
- 6.3　今後の課題 229
- 　　　参考文献 232

索引　235

コラム

- □　リチウムイオン電池 12
- □　電池の歴史 28

第1章 電池とバッテリマネジメントの概要

本章では，初めてバッテリ電源を学ぶ人のために，バッテリとその管理システムの概要を説明する．正負電極と電解液，容器や外部端子などから構成される一つの部品を**セル**（cell），あるいは**電池**と呼び，複数の電池を組み合わせたものを**バッテリ**（battery），あるいは**組電池**と呼ぶ．通常，セルとバッテリを区別することは少ないので，本書でも，特に区別の必要がない限り，電池（セル）と組電池（バッテリ）を混用する．

1.1 電池のさまざまな応用分野

1990年代に日本のメーカーが，エネルギー密度やパワー密度が高いニッケル水素電池やリチウムイオン電池を実用化すると（コラム1 (p.12) 参照），電池を利用した製品の裾野が著しく拡大した．図1.1に，さまざまな電池の応用分野を簡単に整理する．

まず，電池を使うことによって煩わしい電源コードから電気製品が解放され，さらに，屋外まで利用を広げることができる．これがスマートフォンやノートパソコンなどに代表されるコードレス応用分野である．

別の電池の使い道に，エネルギー貯蔵分野がある．これまでは停電時などの非常用電源装置への応用が主であったが，スマートグリッドや再生可能エネルギーの時代を迎え，電池は効率の良いエネルギー貯蔵装置として期待されている．

コードレスとエネルギー貯蔵の二つの機能を生かした応用として，電池を動力電源としたバッテリ電動ビークル（battery electric vehicle; BEV）分野がある．電池を使うと，架線（電力供給ケーブル）と集電装置（collector; trolley）が不要になる．さらに，電池は移動体の閉じた生活圏（life on board）の電力インフラの中核であり，

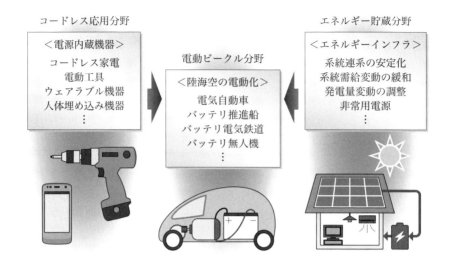

図1.1　電池のさまざまな応用分野

定住生活と同じように快適で利便な空間を提供する．

それぞれの応用分野について，以下で詳しく説明していこう．

1.1.1　コードレス応用分野

　乾電池が登場して懐中電灯が一般家庭に普及した．電池の高性能化に伴い，携帯ラジオからスマートフォンまで，電池を電源とする製品が広がった．電力機器である電動ドリルや電気掃除機なども，コードレス化が実現でき，また家庭用のロボット掃除機などの製品も誕生した．

　スキューバ（self contained underwater breathing apparatus; SCUBA）によって，ダイバーが空気を携行し海中での行動の自由を得たように，携帯機器や電動工具，ペースメーカーなどの人体埋め込み機器や，補聴器などの人体装着機器においても，われわれはエネルギー自給とコードレス化による自由度の拡大を享受している．電池は行動の自由を拡大する製品の差異化手段（product differentiator）であると言える．

1.1.2 エネルギー貯蔵分野

地球温暖化対策として,再生可能エネルギーが注目されている.再生可能エネルギーの分類を図1.2に示す.

再生可能エネルギーの特徴と問題点をまとめると,次のようになる.

(1) エネルギー再生ではなく,太陽や地球,月などの活動に由来する自然エネルギーの活用である
(2) バイオ燃料を除くと,ほとんどが電気エネルギーである
(3) 期待されている太陽光や風力などは,出力変動が大きい

以上より,出力変動の大きい電気エネルギーを貯蔵する必要から,大容量の充電可能な電池(これを二次電池という)の開発が進められている.

発電と消費には同時同量の原則があり,送配電網内で需給バランスが崩れると,電圧や周波数が変動し,揺らぎが大きくなる.すると,発電機の破損や大停電が起こる危険性が増加する.このため,一時的な電力貯蔵が必要になる.たとえば,**揚水発電所**では,電気エネルギーで水車を回して保存が容易な位置エネルギーとして貯蔵している.揚水発電では,その立地が限られることと,エネルギー効率(= 発電/揚水電力)が 70 % 程度と低いことが欠点である.

二次電池を使うと,電気化学エネルギーの形で,より高効率かつコンパクトに貯蔵できる.今はコストが高いが,二次電池はマイクログリッドと呼ばれる小規模エリアの受給バランスの確保の手段として期待されている.すでに風力発電や太陽光

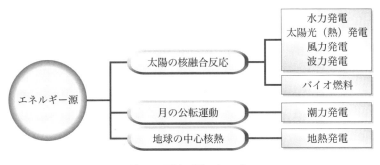

図1.2 再生可能エネルギー

発電では，変動の激しい発電量の平滑化装置として，二次電池は実用化されている．これらの平滑化装置は定置式のため，コードレス製品に比べて小型軽量化の要求は小さい．しかし，自動車を含めた民需では，1日のうちで電池を使う時間が数% 以下であることが多いのに対して，電力インフラでは，連続運転で充放電サイクルが高頻度，かつ振幅が大きい条件で電池を使用することが多い．そのため，電池に長寿命かつ高信頼であることが要求される．

上述したように，通信・制御機能を付加した電力網であるスマートグリッド（smart grid）において，二次電池は重要な役割を担っている．図1.3は，この様子を示している．

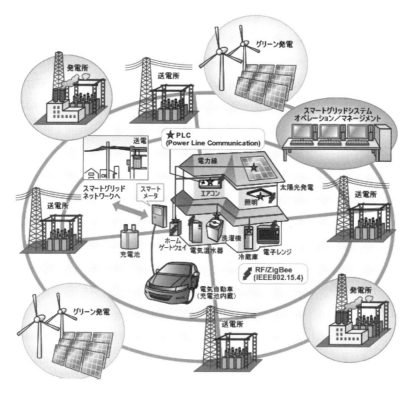

図1.3 スマートグリッドの概念図（図版提供：ルネサス エレクトロニクス(株)）

1.1.3　電動ビークル分野

電池とパワーエレクトロニクス機器の 4 K（高効率・小型・軽量・堅牢）化により，電池をエネルギー源として空間 X を走行する多様な電動ビークル（X-borne EV）が開発され，今後普及していくだろう．

図1.4に，さまざまな電動ビークルをまとめる．そのうち，陸海空，そして宇宙の電動ビークル（electric vehicle; EV）を以下で紹介しよう．

図1.4　さまざまな電動ビークル

[1]　陸上輸送の電動ビークル（rail-borne EV; street-borne EV）

電気自動車や電動車椅子などのように，自由に移動できる乗り物には，電池が欠かせない．海外では，架線が不要な電動バスがすでに運行している．現在は架線から電気エネルギーが供給されている電気鉄道や路面電車なども，電池を使うことで架線が不要になり，景観や保守点検で有利になる．図1.5に示すように，JR 東日本では，架線のない一部区間を電池で走行する電車をすでに運行している．

EV には，不測事態に対する速応性や機動力に優れていることや，騒音や発熱が少ないなどの長所がある．そのため，たとえば，ディーゼルエンジンなどの内燃機関で駆動される重要施設の警備車両は，将来プラグイン充電の EV に取って代わられ

図1.5 JR 東日本の烏山線を走る EV-E301 系 ©Ryoji Akagawa

るだろう．

　電気自動車は，コードレスの移動体としてだけでなく，エネルギー貯蔵装置としてのポテンシャルも大きいので，V2X（vehicle to X）（ここで，X は home, office, grid などを表す）への展開も期待されている．図1.6に，電池の重要な応用先である電気自動車と電池の図を示す．

図1.6 電気自動車と電池（写真提供：日産自動車(株)）

[2] 水上（海上）輸送の電動ビークル（water-borne EV; sea-borne EV）

　南極観測船や駆逐艦，豪華客船など，機動性や静粛性が要求される船舶では，電気推進が使われている．電源はエンジンなどで駆動する発電機であり，電動モータでスクリュープロペラを回転して推進する．自動車業界の用語を用いると，これはシリーズハイブリッド（series hybrid）EV である．

小型船舶ではリチウムイオン電池を使った EV が製造されている．沖縄県石垣島では，図1.7に示す EV 観光船が就航している．船舶で波力発電機を装備すると，航海中も停泊中に「自然充電」が可能になる．

図1.7　石垣島で就航している EV 観光船

[3] 空中輸送の電動ビークル (air-borne EV)

ボーイング社と IHI，IHI エアロスペース社は，燃料電池を使った EV 飛行機の実験に，2012年に成功した．また，飛行機の主翼に装着したソーラーセルから得られる電気を電池に貯蔵し，電動モータでプロペラを回す実験も行われている．JAXA（宇宙航空研究開発機構）でも，図1.8に示すような航空機用電動推進システムの飛行試験を 2014年12月に開始した．電池で動く無人飛行機も，軍用としてすでに試行されている．今後は民需にも展開されるだろう．

また，ローターを二つ以上搭載したマルチコプターと呼ばれる回転翼機が注目されている．通常のヘリコプターのように人を乗せる輸送手段としてではなく，カメ

図1.8　航空機用電動推進システム（写真提供：JAXA）

ラなどを搭載した小型の無人機のタイプが注目されており，マルチコプターのさまざまな応用分野が検討されている．マルチコプターの動力源としても，電池は重要である．図1.9に，4ローター型のマルチコプターである AR.Drone を示す．

図1.9 マルチコプター AR.Drone（写真提供：Parrot 社）

[4] 宇宙輸送の電動ビークル（space-borne EV）

図1.10に示す惑星探査機「はやぶさ」には，リチウムイオン電池が搭載された．定格 13.2 Ah の容量を有するリチウムイオン電池を11個直列に接続してバッテリを構成していた．宇宙探査への電池の適用としては，今後の金星ミッションや水星ミッションへ，非常用電源としてリチウムイオン電池の適用も検討されている．

図1.10 はやぶさ（写真提供：JAXA）

1.2 化学電池の概要

さまざまな物理現象や化学反応を利用して，電気エネルギーを一時的に蓄えることができる．そのため，これらの現象に応じて蓄電デバイスの種類も多い．本節では電池の全体を概観し，本書が対象とする**化学電池**の概要を解説する．

1.2.1 化学電池の基本構造

図1.11に電池の分類を示す．図からわかるように，電池は，太陽電池に代表される物理電池と，鉛蓄電池やリチウムイオン電池などの化学電池に大別される．以下では，化学電池について説明していこう．

化学電池は酸化剤を正極，還元剤を負極として，酸化還元反応により化学エネルギーを電気エネルギーに変換するデバイスである．図1.12に示すように，化学電池の基本的な構造は，

(1) **正極活物質**（電子を受け取り，負に帯電する酸化剤）
(2) **負極活物質**（電子を供与して，正に帯電する還元剤）
(3) イオン伝導の**電解液**（電解質）(electrolyte)
(4) 酸化剤と還元剤とが接触しないように隔離する**セパレータ**（separator）
(5) 正負の活物質と電子を授受して外部に導く電子伝導体の**集電極**（collecting electrode）
(6) 収納ケースや正負電極端子

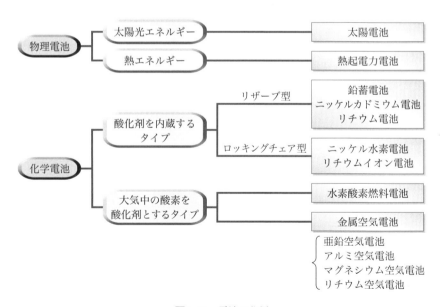

図1.11 電池の分類

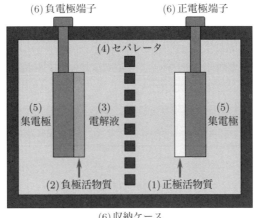

図1.12 化学電池の基本構造

などからなる．

　化学電池は，マンガン電池のように，亜鉛を燃料として二酸化マンガンなどの酸化剤を電池に内蔵するタイプと，補聴器で使われている亜鉛空気電池のように，大気中にある酸素分子を酸化剤として利用するタイプ（空気電池とも呼ばれる）に大別できる．

　酸化剤を内蔵する電池はロケットエンジンに，空気電池はジェットエンジンにたとえられる．後者は酸化剤がないため軽量であり，エネルギーを多く蓄えることができる．しかし，低密度の気体と反応させるため，瞬時に取り出せるパワーは小さくなる．

　酸化剤を内蔵する電池には，充放電反応で活物質の結合の解裂・生成が起きて化学エネルギーを蓄蔵する**リザーブ型電池**と，**トポタクティック反応**（topotactic transition）で化学エネルギーを蓄蔵する**ロッキングチェア型電池**がある．ここで，トポタクティック反応とは，結合の解裂や生成がなく，基礎構造が変化しない化学反応である．図1.13にリザーブ型の例として鉛蓄電池を示す．図において，充電すると，硫酸濃度が上昇して，エネルギーを蓄積する．一方，放電すると，硫酸濃度が低下して，エネルギーを放出する．また，充放電によって正負の電極表面の構造が変化する．

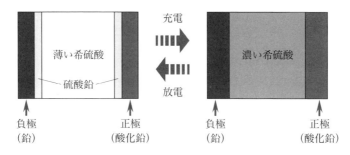

図1.13　リザーブ型電池の例：鉛蓄電池

　図1.14に，ロッキングチェア型の例としてリチウムイオン電池を示す．図において，充電すると，リチウムイオンが負極に移動することによりエネルギーを蓄積する．一方，放電すると，リチウムイオンが正極に移動することによりエネルギーを放出する．したがって，充放電によって正負電極の基本構造は変化しない．このように，ロッキングチェア型電池は，充放電に伴ってリチウムイオンや水素イオン（陽子）が正極と負極の間を往復するだけなので，電解液は単なるイオンの通路になる．このため，リザーブ型の鉛蓄電池と違って，電解液の容積を減らしても蓄積電荷は変わらない．ロッキングチェア型電池は，シャトルコック型電池，あるいはシーソー型電池と呼ばれることもある．

　リチウムイオン電池の電極材料は正極・負極ともに層構造の結晶をしており，層間をリチウムイオンが自由に出入り（intercalation/de-intercalation）できる．電解液でなく電極に注目した場合は，インターカレーション型電池と呼ばれる．

　水素酸素燃料電池（hydrogen-oxygen fuel cell）では，外部から供給された燃料の

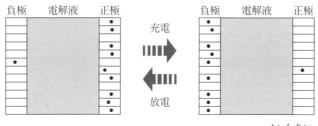

図1.14　ロッキングチェア型電池の例：リチウムイオン電池

水素を，大気中の酸素と酸化還元反応させる．金属空気電池は，内蔵の，あるいはカートリッジに装着した金属を燃料に使う．水素は，単位重量当たりのエネルギー密度は大きいが，体積当たりのエネルギー密度が小さい．亜鉛やアルミニウムなどの金属は，単位体積当たりのエネルギー密度が石炭とほぼ同等で高いため，これらを使った金属空気電池は移動体用として将来の発展が期待される．

1.2.2　一次電池と二次電池

化学電池には，使い切りの**一次電池**（primary cell; disposable battery）と，充電可能な**二次電池**（secondary cell; rechargeable battery）がある．二次電池は，放電したときの反応生成物が電極近傍の領域に残留し，かつ逆反応が可能な電池で，充電すると元の状態に戻る．一次電池は，反応物質が電極近傍領域外に去るため，充電できない．

厳密に考えれば，一次電池と二次電池を区別することは難しい．たとえば，燃料電池は使い捨ての一次電池であるが，放電で生成された水を排出せずに集めて電気分解（充電）すれば，水素と酸素を発生する．すなわち，燃料電池に水溜とガス溜を装備すれば，原理的には二次電池にすることができる．身近な一次電池のマンガン電池でも，注意深く緩やかに充電すれば，少しずつではあるが機能が回復する．

コラム1 ── リチウムイオン電池

本書の主役であり，スマートフォンやノートパソコンの電源として欠かせないリチウムイオン電池の開発には，水島，吉野，西の日本人3名が大きく貢献した．

1980年，英国オックスフォード大学に留学していた水島公一（東京大学 → 東芝）は，コバルト酸リチウム（$LiCoO_2$）を正極に使う方法を発見し，論文を発表した．

2年後，小型二次電池を研究していた吉野 彰（京都大学 → 旭化成）は，水島が発表した論文を参考にして，コバルト酸リチウムを正極に使い，リチウム以外の材料で負極を開発することを目指した．彼は，社内で研究していた炭素材料をヒントにして，特殊な炭素を負極に使い，高性能な二次電池を試作した．こうして，1985年にリチウムイオン電池の原型が完成した．

そして，リチウムイオン電池の商品化に成功したのはソニーだった．西 美緒（慶應義塾大学 → ソニー）が中心となって，ソニーは安全で量産できるリチウムイオン電池を使用した携帯電話を1991年に発売した．

実用電池における代表的な一次電池と二次電池を表1.1にまとめる．最も身近な電池は，単1～単4の乾電池であろう．これは一次電池（マンガン電池）である．最近では二次電池の普及も著しく，本書では特にリチウムイオン電池について詳しく解説する．

電池をブラックボックス，すなわち，（定電圧電源）＋（内部インピーダンス）と見なして取り扱う場合は，化学電池の基本構造については，本節の内容を理解すれば十分であろう．なお，化学電池の詳細については第2章で解説する．

表1.1 代表的な一次電池と二次電池

	実用電池	公称電圧
一次電池	マンガン電池	1.5 V
	アルカリマンガン電池	1.5 V
	亜鉛空気電池	1.3 V
	固体高分子型燃料電池	1.2 V
二次電池	鉛蓄電池	2.0 V
	ニッケルカドミウム電池	1.2 V
	ニッケル水素電池	1.2 V
	リチウムイオン電池	3.6 V

1.3 電池の外部特性

1.3.1 エネルギーとパワーの出力特性

化学電池は一種の化学プラントであり，内部の素反応の組合せは非常に複雑である．電池の開発者から見れば，内部状態を表すパラメータは無数にある．反対に，電池を利用する立場の電気回路の設計者には，内部状態よりも充放電の外部特性のほうが重要であり，少ないパラメータで現象を記述できる数学モデルが好ましい．

さて，二次電池には，次のような主要な要求特性がある．

(1) 大量の電気を長期間供給できること，すなわち，単位重量または単位体積当たりの**エネルギー密度**が高いこと

(2) 大きな電流を瞬時に供給できること，すなわち，単位重量または単位体積当たりの**パワー密度**が高いこと

これら二つの要求は相反することが多い．なぜならば，集電極を薄くして活物質を増やすと，電気はたくさん貯められるが瞬時に取り出せる電力が小さくなり，反対に，集電極を厚くして活物質を減らすと，瞬時入出力電力が大きくなりエネルギー容量が低下するからである．

蓄電デバイスの設計では，用途による使い分けが必要になる．電気自動車では，航続距離を伸ばすために，エネルギー密度を重視した電池が選ばれる．反対に，急発進や回生制動で大きな電流が流れるハイブリッドトラックでは，パワー密度重視で作られた電池やキャパシタが選択される．

貯めることができる電気エネルギーの大きさは，ワットアワー〔Wh〕やジュール〔J〕で表される．瞬時に取り出して流し込める能力は，電流（アンペア〔A〕）または電力（ワット〔W〕）で表される．これらは，電池の定格値（保証値）あるいは公称値（呼び値）として表示されている．

パワー特性とエネルギー特性の表記法として，ポイケルトプロットとラゴーニプロットがある．**ポイケルトプロット**（Peukert plot）の一例を図1.15に示す．この図は，定電流放電の実験から放電電流 I〔A〕（あるいはCレート（充放電レート））と完全放電までの時間 τ の関係を両対数プロットしたものである．図において，Q は定格電池容量〔Ah〕である．経験的に，放電総電荷量 $Q = I^k \tau$ の関係が成立する．

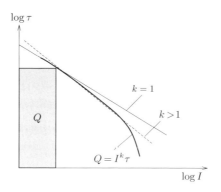

図1.15　ポイケルトプロット

$k \geq 1$ はポイケルト指数であり，$k = 1$, すなわち $Q = I\tau$ のときは内部損失がない．放電電流を大きくすると電池の容量が小さくなることを意味しており，ポイケルトプロットは電気自動車の航続距離と加速性能をトレードオフするときに必要になる．

ラゴーニプロット（Ragone plot）は，定電力放電の実験から，放電電力 P と放電エネルギー E（$= P\tau$）の関係を単位重量当たり，あるいは単位体積当たりに換算して，両対数プロットしたものである．図1.16に主な化学電池のラゴーニプロットを示す．代表的な電池の単位重量当たりのエネルギー密度を大まかに見積もると，

$$鉛蓄電池 : ニッケル水素電池 : リチウムイオン電池 \approx 1 : 2 : 4$$

となる．

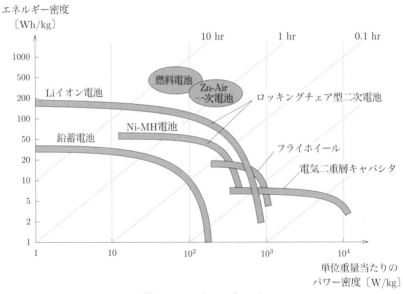

図1.16 ラゴーニプロット

1.3.2 電気化学ポテンシャル

電位を水位に，電流を水流に，電気抵抗を水路の抵抗に置き換えて，抽象的な電気回路を身近な水の流れからの類推で理解しようとするモデルが，図1.17に示す**水流モデル**（fluid flow model）である．水流モデルは，電気回路理論の基礎であるキル

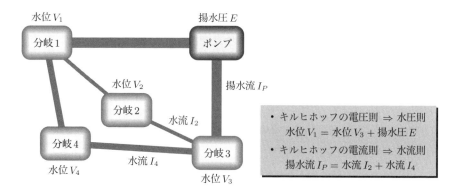

図 1.17 電気回路の水流モデル

ヒホッフ (Kirchhoff) の電流則 (第1法則) と電圧則 (第2法則) を満足する優れたモデルである．

電子回路や電気化学で扱う電位 V は，電子回路では**フェルミ準位**（Fermi level）〔eV〕，電池であれば**電気化学ポテンシャル**（electrochemical potential）〔V〕に相当する量である．電子回路で使われる半導体を例にとると，均一な半導体材料の内部で電子がエネルギー E をとる存在確率 $f(E)$ は，**フェルミ分布関数**（Fermi distribution function）

$$f(E) = \frac{1}{\exp\left(\dfrac{E - E_F}{k_B T}\right) + 1} \tag{1.1}$$

で与えられる．ただし，k_B はボルツマン定数，T は絶対温度である．E_F はフェルミ準位と呼ばれるもので，図 1.18 に示すように，電子の存在確率 $f(E)$ が 0.5 になるエネルギー，すなわち，当該材料中の電子が持っている平均電位を示している．

電池では，粒子系の**化学ポテンシャル**（chemical potential）は，単位当たり（1 mol 当たり）の**ギブズエネルギー**（Gibbs energy）で表され，化学反応は化学ポテンシャルが減少する方向に進む．イオンのような荷電粒子系は，化学エネルギーのほかに静電エネルギーも持つので，二つのエネルギー間の相互干渉がないと仮定して，それらを加算したものを電気化学エネルギー〔J〕，電気化学ポテンシャル〔J/mol〕と呼ぶ．

電池の端子間で観測できる電圧，すなわち，**ボルタ電位差**（Volta potential differ-

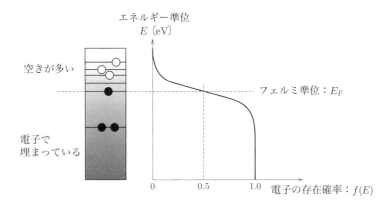

図1.18 フェルミ準位と電子の分布

ence）は，電気化学ポテンシャルの差に比例する．内部の状態量である静電ポテンシャルの差，すなわち，**ガルバーニ電位差**（Galvani potential difference）（電極電位のこと）は，外部から計測できない．

図1.19に示すPN接合ダイオードを例に説明しよう．PN接合ではN層の多数キャリアの電子とP層の多数キャリアの正孔が，互いに接合部を横切って反対の伝

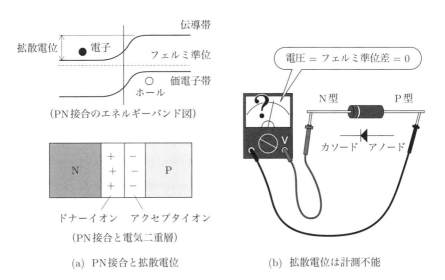

(a) PN接合と拡散電位　　(b) 拡散電位は計測不能

図1.19 静電ポテンシャル

導層に移る．接合部ではキャリアが消えて，N層側にドナーの正電荷，P層側にアクセプタの負電荷が取り残されて，界面に空乏層（電気二重層）が形成される．このPN接合の静電ポテンシャルの差が**拡散電位**（diffusion potential）である．平衡時にはP層とN層のフェルミ準位が等しくなるので，端子間電圧は0Vである．

電池では，図1.20のように，正負の電極材料は非対称である．正極を構成する酸化体と負極を構成する還元体は正負電極とそれぞれ電子交換し，それぞれの電極ではフェルミ準位が一致して平衡状態となる．正極と負極ではフェルミ準位，すなわち電極電位が異なるので，電極間に起電力が現れる．

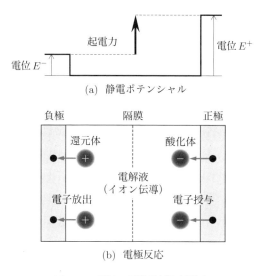

図1.20 電池の正負電極と起電力

1.3.3 電池の内部状態を表す量

電気事業法施行規則によって，家庭用交流電源はその電圧の実効値が101 ± 6 Vの範囲が保証され，電源インピーダンスも通電中には変化しない．しかし，電池ではこれらに相当する状態量が，時々刻々と変化する．そのため，電気自動車のような電池を高度に応用するシステムでは，電池の状態量を常に把握する必要がある．

電池の中に電荷がどれくらい残っているのかを表す状態量が，**残存電荷**（remaining

capacity; RC) である．二次電池では，**充電率**（state of charge; SOC）と**健全度**（state of health; SOH）が，RCに関わる重要な状態量である．また，電池から瞬時にどれだけの電流が取り出せるか，すなわち，負荷電流を流したときの電圧降下がどれくらいになるかが実用上重要な状態量であり，これは**充放電可能電力**（state of power; SOP，または state of function; SOF）と呼ばれる．

さて，図1.21に示すようなタンクモデルを用いると，電池は貯水タンクに相当する．また，満充電は満タン，完全放電は空の状態である．自然放電はタンクの漏れに相当し，劣化はタンク容量が縮小することに相当する．

充電率（SOC）は，満タンを基準に電池の残量の比率を表した状態量である．SOCの定義は二つある．すなわち，新品電池の常温での初期満充電容量FCC_0を基準にした絶対充電率（absolute SOC; ASOC）

$$\text{ASOC} = \frac{\text{RC}}{\text{FCC}_0} \tag{1.2}$$

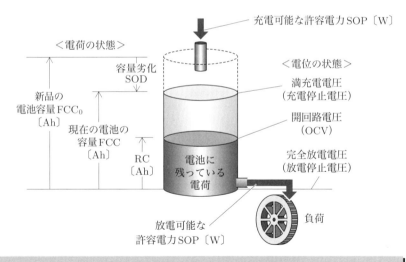

図1.21 電池のタンクモデル

と，使用中の電池の満充電容量 FCC を基準にした**相対充電率**（relative SOC; RSOC）

$$\text{RSOC} = \frac{\text{RC}}{\text{FCC}} \tag{1.3}$$

である．ただし，RC は残存容量，FCC_0 は常温での FCC の初期容量（initial capacity）である．本書では，断らない限り RSOC を SOC と略記する．

健全度（SOH）は，電池が劣化して容量が縮小していく様子を表す状態量であり，

$$\text{SOH} = \frac{\text{FCC}}{\text{FCC}_0} = \frac{\text{ASOC}}{\text{RSOC}} \tag{1.4}$$

で定義される．SOH は，現在の満充電容量を，新品で常温のときの満充電容量を基準に比較したもので，健全さの程度を表す．たとえば，SOH = 0.8 は新品の 8 割しか容量がないことを意味する．

電池の劣化には，電池が古くなって回復が不能になる恒久劣化と，低温で性能が低下する一時劣化がある．したがって，SOH は恒久劣化による SOH_p と一時劣化の SOH_t との積になる．通常 SOH_p は時間とともに単調減少する関数として表され，減少の進み方は温度や充放電の使用履歴に依存する．SOH_t は温度の関数として表され，定義により常温で 1 になる．

タンクモデルでは，充電率や劣化を電荷〔Ah〕を単位に考えているが，電気エネルギー〔Wh〕の増減で定義する場合もある．定義の違いで SOC や SOH は意味が異なることに注意する必要がある．

電池のエネルギー状態だけでなく，どれだけ急速に充放電できるか，すなわち，パワーをどれだけ多く出し入れできるかも同様に重要であり，これを示す状態量が充放電可能電力（SOP）である．パワーの出し入れの大きさは充電と放電で異なり，SOP は充電可能電力と放電可能電力の総称であることに注意する必要がある．タンクモデルでは，タンク出入口のパイプの太さが SOP に相当し，劣化すると電池の内部抵抗が大きくなるので，パイプの径が細くなる．

電池の状態量としては，上記のほかにも**放電深度**（depth of discharge; DOD）や**劣化度**（state of deterioration; SOD）などがある．前者は満タンを基準に電池の放電量の比率を表した状態量，後者は新品で常温のときの満充電容量を基準にして，どれだけ満充電容量が減ったかを表す状態量である．SOC や SOH とは，それぞれ

$$\mathrm{DOD} = 1 - \mathrm{SOC} \tag{1.5}$$
$$\mathrm{SOD} = 1 - \mathrm{SOH} \tag{1.6}$$

という関係がある．本書では SOC と SOH という二つの量を用いるが，電池のデータシートや論文などには DOD や SOD の量を用いているものも多いので，注意する必要がある．

1.3.4　電池の端子電圧の振る舞い

電池の**端子電圧** V_T は，端子電流（充電電流または放電電流）によって変動する．たとえば，通電から遮断へと端子電流をゼロにすると，端子電圧は緩やかに平衡状態の**開回路電圧**（open circuit voltage; OCV）に漸近する．反対にゼロから通電状態にすると，端子電圧は充電時には OCV から緩やかに上昇，放電時には緩やかに降下する[1]．このときの端子電圧と OCV の差を**過電圧**（over-potential; overvoltage）と呼ぶ．すなわち，OCV は電池の端子電圧の静的な状態を表し，OCV からの変動分である過電圧は，電池の端子電圧の動的な状態を表している．

以下では，電池の端子電圧の振る舞いを静的な状態と動的な状態に分けて説明する．

[1] 静的な状態

OCV は，電池の端子電圧の静的な状態を表すと述べたが，これと似た量として，**起電力**がある．まず，この二つの量の違いについて説明しよう．

電池の**起電力**（electro-motive force; EMF）は，化学電池の電気化学的平衡状態における電極の電位差を意味する．すなわち，起電力 E は，図 1.20 (a) に示したように，E^+ を正極活物質と標準電極との間の電位差とし，E^- を負極活物質と標準電極の電位差としたときの，E^+ と E^- との電位差である．起電力は電気化学反応に起因するので，温度依存性を持つことに注意する．

一方，**開回路電圧**（OCV）は，電極間に外部電源を接続し，電流を 0 A にして自己放電しない時間範囲内で長時間緩和させたときの平衡電位である．通常は，入力

---

[1] 厳密には，端子電流が流れると発熱（理論的には吸熱の場合もある）するので，電池内部の温度変化で OCV も変動する．

インピーダンスが高い電圧計で開回路電圧を計測する.

電極面では,複数の電気化学反応が起こりうる.たとえば鉄の電極を酸性溶液に浸漬させると,鉄の溶解反応と水素分子の生成反応が同時進行する.このように電気化学的平衡が成り立っていないときには,電極面で電荷がやりとりされる.しかし,端子が開放されていれば,端子電流はゼロである.したがって,起電力と OCV は厳密には異なるが,実用上は区別しないことが多い.本書でも混用する.

さて,OCV には,SOC との間に**SOC-OCV 特性**と呼ばれる対応関係がある.以下では,この SOC-OCV 特性について説明しよう.

鉛蓄電池では,第2章で述べる**ネルンストの式**より,

(電解液中の硫酸水素イオン HSO_4^- の濃度) = (残存電荷 RC)

が成り立つので,OCV は RC,すなわち,絶対充電率(ASOC)の関数となる.温度補償などは必要であるが,OCV から ASOC を推定することができる.鉛蓄電池では,劣化により硫酸鉛の結晶が成長し,満充電したときの硫酸水素イオンの濃度が低下するので,タンクモデルにおいて,劣化はタンクの高さ(= 満充電時の OCV)が徐々に縮小することに対応する.

リチウムイオン電池では,OCV は,RC ではなく相対充電率(RSOC)に強く依存することが多い.リチウムイオン電池の劣化モードは多数あるが,たとえばリチウムイオンの負極であるグラファイトが機械的に破断することにより,あるいは反応生成により不動態化されることにより,電極全体の $(1 - SOH)$ が機能しなくなったとしても,残された全体の SOH の部分にリチウムイオンが同じように充填され,SOC-OCV 特性は劣化の影響を受けにくい.リチウムイオン電池の劣化は,タンクの高さが変わらずにタンク径が細くなるモデルで表されることが多い.

図1.22にリチウムイオン電池の SOC-OCV 特性の一例を示す.SOC-OCV 特性は温度依存性が小さいので,OCV から SOC を推定することができる.ただし,電池の使用中は非平衡で,使用後も緩和に時間がかかるので,端子電圧から OCV を推定するには,タンクモデル以外の動的モデルを使った状態推定が必須である.

一般に SOC が中程度の実用領域は OCV の変化が少ないので,この変化を検出するためには,高精度の電圧計測が必要になる.

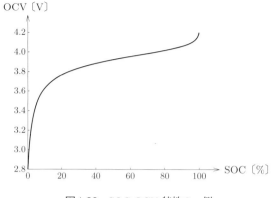

図1.22 SOC-OCV 特性の一例

[2] 動的な状態

電池内部の電圧降下，すなわち，端子電圧と OCV の差には，電極や電解液の抵抗のように純粋に電気回路として扱える成分と，電気化学反応に起因する成分がある．電気化学ではこれらの電圧降下を**過電圧**と呼ぶ．

過電圧の定義は，電気工学の分野における定義とは違うことに注意する．電気工学の分野では，スイッチングや落雷などで生じる異常電圧のことを過電圧と呼び，電池の端子電圧が下がることを電圧降下（voltage drop）と呼ぶ．しかし，電気化学では，電池内部を対象として，化学反応の加速に必要な電圧降下を過電圧と呼んでいる．言い換えると，過電圧は反応の遅さを反映したものである．

電気化学に忠実に従うと，起電力からのずれが過電圧であり，OCV からのずれは**分極**（polarization）と呼ばれる．実際には，それらは混用されており，本書もそれに従う．

過電圧は，電気化学反応の平衡論から導かれる起電力と，実際に電流が流れて反応が進行しているときの速度論から決まる電極電位との差であり，ある大きさの端子電流を流すためには，電池内部の電気化学反応を加速させる必要がある．このとき電気エネルギーが使われ，これが過電圧の損失成分となる．一方，過電圧には損失を伴わない，反応の遅れによるリアクタンス成分もある．

過電圧と電流との比，すなわち電池の**内部インピーダンス** Z は，線形ではなく，充電率や劣化，通電電流，さらに内部温度に依存する非線形時変関数であり，このこと

がSOC推定問題を難しくしている．

電気化学反応の第一原理モデルを構築すれば，内部インピーダンスを忠実に記述できる．しかし，電池は数多くの複雑な素反応からなる化学プラントであり，実用的な第一原理モデルを構築することは一般に困難である．そこで，使用条件や目的に合わせたモデルを用意することになる．電池をモデリングするときには，電気回路やシステムの機能にとって重要な要素だけを取り出す眼力と，電気化学的には本質的でも，システム応用に影響がない要素を切り捨てる技量が必要になる．具体的には，第4～6章を参照していただきたい．

1.3.5 電池の等価回路モデル

電池を充放電すると端子電圧が変動するので，インバータなどの回路を設計するときには，この電源電圧の変動を考慮する必要がある．そのため，静的なタンクモデルでは回路設計ができない．SPICE[2]などの回路シミュレータを利用するためには，電池の等価回路モデルが必須になる．

線形近似した等価回路では，**テブナン（Thevenin）の定理**より，電池はOCVの電圧源と内部抵抗インピーダンスの直列回路で表すことができる．前述したように，OCVは正極と負極と電解質の静的なつり合いのメカニズム（化学平衡論）で決まり，内部インピーダンスは動的メカニズム（反応速度論）で決まる．電池の反応速度が遅ければ，内部インピーダンスの絶対値が大きくなる．

図1.23に，電池の直流電流に対する端子電圧の変化と，直流の等価回路を示す．図1.24に，パルス幅変調（pulse width modulation; PWM）したときの端子電圧と端子電流の波形，および過渡応答に対する等価回路を示す．図1.23 (b)に示すように，電池の内部インピーダンスを部分分数展開すると，並列RCを直列接続した回路が得られる．

負荷電流がオン/オフしたときには，ステップ的な電圧降下に続いて，さまざまな電気化学反応の遅れによる緩やかな緩和応答が起こる．電流が急減したときは，これと逆の現象になる．

---

[2] simulation program with integrated circuit emphasis の略であり，「スパイス」と呼ばれる．

1.3 電池の外部特性　25

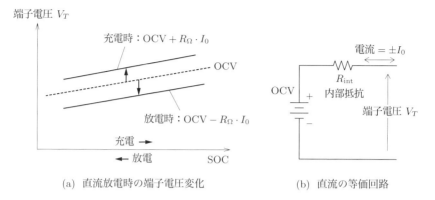

(a) 直流放電時の端子電圧変化　　(b) 直流の等価回路

図 1.23　電池の直流応答と等価回路

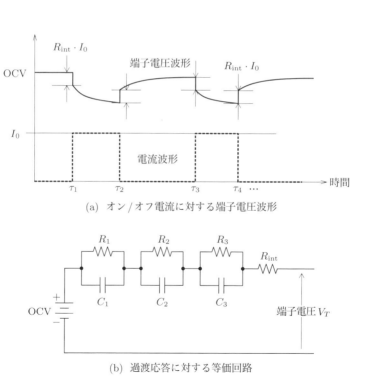

(a) オン/オフ電流に対する端子電圧波形

(b) 過渡応答に対する等価回路

図 1.24　電池の過渡応答と等価回路

大振幅の電気化学反応は，ヒステリシスなども含んだ強非線形時変現象であり，広い電流領域をカバーする回路モデルは作りにくい．電池の種類や充放電電流の振幅範囲，周波数範囲（求めたい時間応答範囲），温度範囲などを考慮して，目的や要求精度により適切な等価回路を設定することになる．

電池については，特性表の形でしか技術情報が提供されないことが多い．そのため，回路設計者は，実験により電池の等価回路パラメータを抽出することになる．応用の一層の拡大を図るには，半導体や電子部品と同様の等価回路モデルが必要である．

1.3.6　二次電池の寿命

電池を繰り返し使っていると，次第に劣化し，いつかは使用できなくなる．この**電池の寿命**（機能停止）の判定基準は，必ずしも明らかではない．実用的な観点からは，その電池を使っているシステムが機能しなくなった時点が電池切れである．しかし，これでは電子回路の電源に対する要求仕様や動作マージンなどで，電池の寿命が変わることになってしまう．

また，一次電池の場合には電池切れが寿命を意味するが，二次電池の場合は充電により機能が回復するため，寿命の意味が異なってくる．充電機能，すなわち満充電容量が低下した電池をどこまで使い切って捨てるかは，ユーザーの使い方や商品に対する期待値，環境意識などにより大きく変わる．

そこで，通常はシステムを特定せず，電池単体に対して試験条件と寿命判定基準を規定する．たとえば，二次電池の放電容量が初期値の約 70 % に落ちたときを寿命と定義する．瞬時の充放電能力のほうが重要な用途では，容量低下率ではなく充放電性能の低下率で寿命を定めることがある．

充放電の繰り返したときの劣化モードを**サイクル寿命**，放置（保存）したときの劣化モードを**カレンダー寿命**という．微弱な電流を流して充電状態を保持する**トリクル充電**（トリクル（trickle）は細流を意味する）は，充電率一定の保存と考えられ，カレンダー寿命を劣化モードとすることが多い．

サイクル寿命の要因は複雑であるが，**クーロン効率** β（= 放電電荷/充電電荷）が一定であるとすると，1回の満充電当たり $(1-\beta)$ の割合で健全度が失われていくこ

とになる．

N サイクル後の健全度を SOH_N とすると，これは

$$\text{SOH}_N = \frac{\text{FCC}_N}{\text{FCC}_0} = \beta^N \tag{1.7}$$

となる．ただし，FCC_N は N サイクル後の満充電容量である．FCC の劣化は線形ではなく，減衰指数関数の曲線で進行することがわかる．たとえば，$\beta \approx 0.9995$ の二次電池では，$N = 500$ サイクルで $\text{SOH} \approx 78\%$ になる．

カレンダー寿命についても，その劣化要因は多岐にわたる．電池の内部で不可逆反応が起き，再び充電ができなくなる．寿命は温度や放置するときの充電率などに左右されるが，電池ごとに異なる依存性を持つので，一概には言えない．

一般に，メーカーから提供されるサイクル寿命は，同じ深度で充放電を繰り返した条件のときのデータである．しかし，実際の使用において，完全に放電してから満充電するような使い方は少ない．十分に電荷が残っている状態で充電するときもあれば，満充電まで待たずに充電を中断するときもある．また，充放電の合間に期間があるのが通例である．ユーザーごとに使用法が違うので，システム設計者はバッテリの寿命設計で苦慮することが多い．

ある固定条件での電池の寿命データだけでなく，回路シミュレータでさまざまな使用条件を与え，それに対応する仮想寿命モデルの構築が必須である．

1.4　バッテリ電源システム

1.4.1　バッテリの構成

バッテリ（組電池）は，正極・負極の電極と電解液よりなるセル（電池）を，図 1.25 に示すように，直列接続，並列接続，あるいはそれらを複合接続することによって構成される．バッテリを構成するセルは，基本的にその起電力や容量，内部抵抗などの外部特性が同一であることが要求される．たとえば，直列接続されたセルの一つに容量不足や過剰温度上昇があると，全体の電荷容量や電流供給能力は，そのセルで制限される．セルの初期のばらつきを減らすには，製造ロットも同一であることが望ましい．

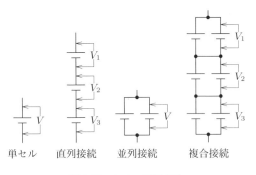

図1.25 セルの接続方法

1.4.2 バッテリマネジメントシステム

セルを N 個集積したバッテリの故障率は，単純加算としても単体の故障率の N 倍になる．電気自動車では，数十から数千個のセルを複合接続したバッテリもあり，セル数の多いバッテリ電源では，信頼性の高いセルが必要である．また，電池を組み合わせることにより，セル間の電気的・熱的な相互作用が起こるので，通常，故障率は N 倍よりも増大する．したがって，セルを直並列にしたバッテリ電源では，電気的，熱的に管理するオンボードシステムの良否がキーになる．

電池を過充電したり過放電したりすると劣化が急激に進むので，充電率の監視と

コラム2 ── 電池の歴史[4]

1791　ガルバーニ（伊），カエルの足の実験から電池の原理を発見

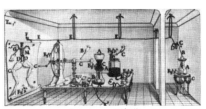

ガルバーニの実験

1800　ボルタ（伊），電池を発明
1859　プランテ（仏），鉛蓄電池を発明

コラム2　（つづき）

1868	ルクランシェ（仏），ルクランシェ電池を発明
1885	屋井先蔵（日），乾電池を発明

屋井乾電池(写真提供：一社電池工業会)

1888	ガスナー（独），乾電池を発明
	ヘレンス（デンマーク），乾電池を発明
1895	2代目島津源蔵，鉛蓄電池を試作
1899	ユングナー（スウェーデン），ニッケルカドミウム電池を発明
1900	エジソン（米），ニッケル鉄電池を発明
1904	島津製作所が国産鉛蓄電池第1号を納入
1955	水銀電池の国内生産開始
1964	アルカリ乾電池の国内生産開始
	ニカド電池の国内生産開始
	高性能マンガン電池の国内生産開始
1969	超高性能マンガン電池の国内生産開始
1970	小型制御弁式鉛蓄電池の国内生産開始
1976	酸化銀電池，リチウム一次電池の国内生産開始
1977	アルカリボタン電池の国内生産開始
1986	亜鉛空気電池の国内生産開始
1990	ニッケル水素電池の生産開始
1991	リチウムイオン二次電池の生産開始
1992	国内でのアルカリ乾電池水銀使用0化開始
1995	水銀電池の国内での生産中止
1997	小型二次電池の国内での回収開始
2002	ニッケル系一次電池の生産開始
2005	酸化銀電池の水銀使用0化開始
2009	アルカリボタン電池の水銀使用0化開始

制御が必須になる．電池には最適の温度範囲があり，環境温度がこの範囲を超えて高温や低温になると，電池の性能が低下するだけでなく，寿命も短くなる．このため，電池の温度をモニタし，不凍液や空気を循環させて環境温度を適正な範囲に制御する必要がある．

電池の容量を最小限に抑えつつ，バッテリの蓄電容量をフルに利用し，かつ長持ちさせるためには，バッテリマネジメントが必須になる．二次電池を長期間にわたり高い信頼性を保って使用するためには，個々の電池の温度環境を揃えたり，電池間のバランスを保つためには，起電力をモニタして，何らかの手段を施さなければならない．このように総合的に管理するものを，**バッテリマネジメントシステム**（battery management system; BMS）と呼ぶ．バッテリマネジメントシステムの主な機能は，

(1) 保護・安全確保のための制御
(2) 性能確保のための制御
(3) 寿命確保のための制御

である．バッテリマネジメントシステムの詳細は第3章で解説する．

参考文献

本章では全般にわたって以下の文献を参考にした．

[1] 廣田・足立 編著，出口・小笠原 著：電気自動車の制御システム──電池・モータ・エコ技術，東京電機大学出版局 (2009)
[2] 廣田・小笠原・船渡・三原・出口・初田：電気自動車工学──EV 設計とシステムインテグレーションの基礎，森北出版 (2010)
[3] 大特集 モビリティと電気，電気学会誌，Vol.134, No.2 (2014)
[4] C. D. Rahn and C. -Y. Wang : *Battery Systems Engineering*, John Wiley & Sons (2013)

第2章 化学電池の基礎

　電気化学反応が起こる場所を，電解液と正極，負極の一対の界面だけに限定して電気エネルギーを発生させるのが**化学電池**である．図2.1に水素と酸素の化学反応を利用した水素燃料電池の例を示す．正負極それぞれで起きる反応を**半反応**（half-reaction）という．半反応の異なる正・負極と電解液の組合せによって，起電力の異なるいろいろな電池を実現できる．本章では，まず，広く普及している鉛蓄電池とリチウムイオン電池の概要を述べ，次に，これらの化学電池の基礎について解説する．電気化学の詳細は，章末の参考文献に譲り，ここでは電気工学者を対象に要点のみを記述する．

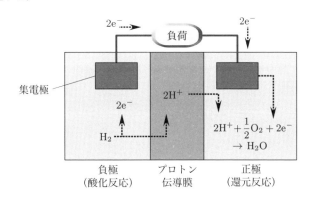

図2.1　水素燃料電池の酸化還元反応

2.1 鉛蓄電池

　1859年にプランテ（仏）によって発明された鉛蓄電池は，安価で安全なことから今日でも自動車や自動二輪などを中心に広く使われている．本節では鉛蓄電池の反応のメカニズムと電気特性について説明する．

2.1.1 鉛蓄電池の酸化還元反応

鉛蓄電池は，図2.2に示すように，Pbを集電極とし，正極活物質PbO_2と負極活物質Pbを，モル濃度が約$4\,mol/\ell$の硫酸液に浸したものである．

化学反応式は以下のとおりである．ただし，右方向が放電，左方向が充電である．

正極反応：$PbO_2 + 3H^+ + HSO_4^- + 2e^- \Leftrightarrow PbSO_4 + 2H_2O$ (2.1)

$(Pb^{4+} + 2e^- \Leftrightarrow Pb^{2+})$

負極反応：$Pb + HSO_4^- \Leftrightarrow PbSO_4 + H^+ + 2e^-$ (2.2)

$(Pb \Leftrightarrow Pb^{2+} + 2e^-)$

全反応　：$PbO_2 + Pb + 2H_2SO_4 \Leftrightarrow 2PbSO_4 + 2H_2O$ (2.3)

$(2H^+ + 2HSO_4^- \Leftrightarrow 2H_2SO_4)$

この反応による起電力は，ネルンストが提案した**標準水素電極**(standard hydrogen electrode; SHE) に対する電極電位の差に等しい．それぞれの電極電位は，正極が $E^{0+} = +1.63\,V$，負極が $E^{0-} = -0.30\,V$ であるので，

$$E^0 = E^{0+} - E^{0-} = 1.93\,V \tag{2.4}$$

となる．標準起電力E^0は，活量＝1（イオン間の相互作用がない理想状態）の基準状態を仮定して熱力学的に導いた数値であり，実際の電池の定格電圧とは異なることに注意しよう．

鉛Pbは酸化数＝+2をとるのが最も安定である．したがって，酸化数＝+0の負

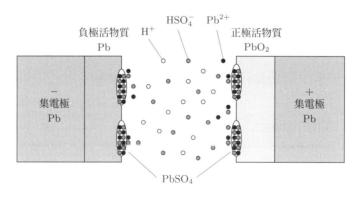

図2.2　鉛蓄電池の電気化学反応

極 Pb と，酸化数 = +4 の正極 PbO_2 とも，酸化数 = +2 の Pb^{2+} に変化しようとする傾向があり，硫酸水に浸すと $PbSO_4$ を生成する．図 2.2 は，この様子を示している．

このとき，正負極間には，式 (2.4) より 1.93 V の起電力が発生する．この数値は水の電気分解開始電圧 1.23 V を超えているが，Pb の水素過電圧と PbO_2 の酸素過電圧がともに大きいため，電気分解の速度が遅く，自己放電は許容レベルになる．

放電反応では，正極 PbO_2 と負極 Pb に $PbSO_4$ が析出して，硫酸水素イオン HSO_4^- が消費される．充電時にはこれと逆の反応が起き，リザーブされた $PbSO_4$ が溶解し，HSO_4^- イオン濃度が回復する．

電解液は，完全放電したとき，比重 1.1，硫酸濃度が 14.7 重量 %，完全充電時には比重 1.28，硫酸濃度が 37.4 重量 % と変化するので，比重の変化から充電状態がわかる．

2.1.2 鉛蓄電池の SOC-OCV 特性

鉛蓄電池の SOC-OCV（充電率 - 開回路電圧）特性の例を図 2.3 に示す．図より，ASOC と OCV は，ほぼ線形関係であることがわかる．リザーブ型電池である鉛蓄電池では，硫酸水素イオンのモル濃度が SOC と OCV の両方に強く関係する．

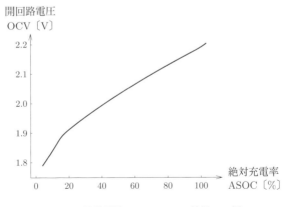

図 2.3　鉛蓄電池の SOC-OCV 特性の一例

イオン濃度と起電力の関係は，次の**ネルンストの式**で求められる[1]．

$$E = E^0 + \frac{RT}{F} \ln\left(\frac{[\mathrm{H}^+] \cdot [\mathrm{HSO_4^-}]}{[\mathrm{H_2O}]}\right) \tag{2.5}$$

ここで，E^0 は標準電極電位であり，反応に関与する化学種のギブズエネルギーで算出でき，2.1.1項で説明したように 1.93 V である．R は気体定数，T は絶対温度，F はファラデー定数である．$[\mathrm{H}^+]$, $[\mathrm{HSO_4^-}]$, $[\mathrm{H_2O}]$ は，それぞれ水素イオン，硫酸水素イオン，水のモル濃度〔mol/ℓ〕である．式 (2.5) より，硫酸水素イオンと水素イオンの濃度（すなわち硫酸の濃度）が高いほど，充電率が高く，起電力（＝開回路電圧）も高くなることがわかる．

鉛蓄電池では，硫酸液の中の硫酸水素イオンは，重要な反応関与物質であるとともに，伝導度を上げる支持電解質も兼ねている．このため，放電で SOC が下がると，内部抵抗も上昇する．

2.1.3　鉛蓄電池の SOH 劣化

鉛蓄電池の主な劣化要因を図 2.4 に示す．

放置時間に関係する**カレンダー寿命**と充放電の回数に関係する**サイクル寿命**は，いずれも鉛蓄電池の温度や充電電圧，放電深度に強く依存する．温度が 10°C 上昇すると，寿命が半減する．これは電子部品と同様の **10°C 則**である．充電電圧が SOC = 100 % のときの OCV より高い（過充電）と，正極の劣化や水素爆発などの危険がある．逆に低ければ，サルフェーションと呼ばれる，電極への非伝導性の硫酸鉛（$\mathrm{PbSO_4}$）の蓄積が進み，SOH が劣化する．鉛蓄電池は過充電にならない範囲の高い SOC 状態で使うのが望ましく，充電率の管理が大事である．自動車では，オルタネータにより常時満充電（トリクル充電）している．

アイドリングストップ車では，電池は深い充放電を繰り返す．放電したとき，陽極と陰極の表面に絶縁物の硫酸鉛が生成されるが，過酷な充放電で硫酸鉛がナノサイズ以上に巨大化して電子が通過しにくくなると，流せる電流が低下する．電極にナノサイズのカーボン粉末を数 % 混入すると，電子はカーボンの島から島を次々に伝わることができるようになり，劣化しにくくなる．

---

[1] ネルンストの式の一般形は Point 2.3 で後述する．

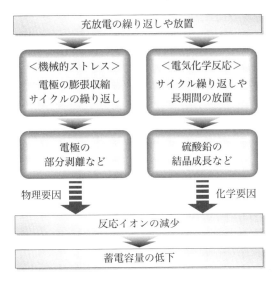

図2.4　鉛蓄電池の主な SOH 劣化原因

2.2　リチウムイオン二次電池

　1991年に日本のメーカーが商品化したリチウムイオン電池は，いまや二次電池を代表する商品として，パソコン，デジカメ，電気自動車などに広く利用されている．リチウムイオン二次電池の製品の一例を図2.5に示す．本節では，リチウムイオン二次電池の反応のメカニズムと電気特性について説明する．

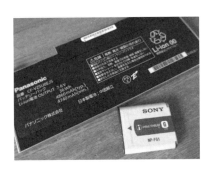

図2.5　リチウムイオン電池の製品の一例

2.2.1 リチウムイオンの充放電とロッキングチェア機構

コバルト酸リチウムや黒鉛の結晶構造は隙間が多く，原子サイズが小さいリチウムイオン（Li^+）は，充電時と放電時に正・負極を構成する電極材料の結晶構造の中まで移動して，非破壊で電子を授受することが可能である．この動作は**ロッキングチェア機構**と呼ばれ，従来の化学電池で避けることができなかった電極の不可逆変化，すなわち，構造破壊（劣化）が起きない．したがって，高寿命が期待できるという優れた特徴を持つ．

正極がコバルト酸リチウムの場合の電気化学反応式は，次のように表される．

正極反応：$2Li_{0.5}CoO_2 + Li^+ + e^- \Leftrightarrow 2LiCoO_2$ (2.6)

負極反応：$C_6Li \Leftrightarrow C_6$（炭素六員環）$+ Li^+ + e^-$ (2.7)

全反応　：$C_6Li + 2Li_{0.5}CoO_2 \Leftrightarrow C_6 + 2LiCoO_2$ (2.8)

標準電極電位は，正極が $E^{0+} = +0.9$ V，負極が $E^{0-} = -2.9$ V であり，両極間には $E^{0+} - E^{0-} = 3.8$ V という高い OCV（開回路電圧）が得られる．この電圧は水の電気分解電圧である 1.23 V よりはるかに高いので，3.8 V でも電気分解しない絶縁性の有機電解質が使われる．

リチウムイオン電池の放電反応のときの Li^+ イオンの主な動きを，図 2.6 に示す．

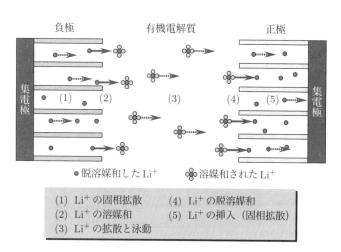

図 2.6　リチウムイオン二次電池の放電時のイオンの動き

(1) Li$^+$ イオンが濃度勾配により負極内を移動し，表面に達する（固相拡散過程）．
(2) 表面に達した Li$^+$ イオンは，有極性溶媒の作用で電解質に入る（溶媒和過程）．正電荷を中和していた過剰電子は，負極から集電体に逃避する（誘電緩和過程）と同時に，Li$^+$ イオンの脱離で負極層が物理的に再配列する（相変化過程）が，電子の誘電緩和は瞬時であるので，図中では省略した．
(3) 濃度勾配と電位勾配により，溶媒和 Li$^+$ イオンが移動する（拡散過程，泳動過程）．
(4) 正極表面に達した溶媒和 Li$^+$ イオンが電極に入る（脱溶媒和過程）．
(5) Li$^+$ イオンが濃度勾配により正極内部へ移動する（固相拡散過程）．Li$^+$ イオンの正電荷を集電体から注入された電子が中和する（誘電緩和過程）．同時に，Li$^+$ イオンの挿入により，正極層が変化する（相変化過程）．なお，相変化過程については 2.2.2 項以降で説明する．

充電反応では，これと逆方向に素過程が進行する．

それぞれの素過程の過電圧は，おおよそ以下のとおりである．

(1) グラファイト（graphite）は半金属（semimetal）である．誘電緩和過程は，普通の化学電池の界面の電荷移動過程（2.5.1 項（p.56）参照）と比べて極めて速く，過電圧は極めて小さい．
(2) 泳動過程の過電圧は，充放電に対して対称である．電解液の伝導度は，鉛蓄電池と比較して小さい．リチウムイオン電池では，電解液は単なるイオンの通路である．正負極が短絡しない限界まで電解液層を薄くして，泳動過程の過電圧を下げるようにする．
(3) 相変化過程は原子団の移動なので，律速になる可能性がある．そのため，相変化の速い活物質の選定が必要になる．溶媒和・脱溶媒和や相変化は充放電で非対称になり，過電圧にヒステリシスが生じる．

以上の速い現象と遅い現象が混在した素過程を含む電池の複素インピーダンス軌跡と等価回路を，図 2.7 にそれぞれ示す．図に示した複素インピーダンス軌跡と等価回路は，リチウムイオン電池に限らず，充放電の素過程が異なる一般の化学電池においても同様のものが得られる．

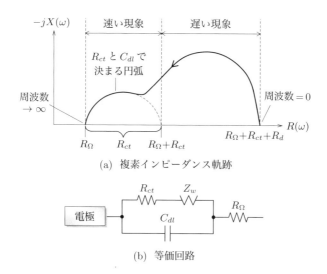

図2.7　リチウムイオン二次電池の複素インピーダンス軌跡と等価回路

2.2.2　リチウムイオン電池の SOC-OCV 特性と電流電圧特性

SOC-OCV 特性は，正極におけるリチウムイオン占有率で決まるネルンストの式に，挿入されたイオンの相互干渉による過電圧を補正した，次のような経験式で表される．

$$\mathrm{OCV} = E^0 + \frac{RT}{F}\ln\frac{\mathrm{SOC}}{1-\mathrm{SOC}} + b\cdot\mathrm{SOC} \tag{2.9}$$

ここで，b は係数である．リチウムイオン二次電池の SOC-OCV 特性の一例を図2.8に示す．

グラファイトは炭素の亀の甲状の層状物質であり，図2.9に示すように，層を構成する炭素間はsp2軌道の電子の共有結合で強くつながっているが，層と層とは弱いファンデルワールス力で結合している．層間のπ電子により，半金属的な高い伝導率を有する．

リチウムのグラファイト層間化合物は，図2.10のようなステージ構造をとる．ステージ数とその相のイオン濃度により電位が異なる．リチウムイオンは黒鉛層間に不規則に侵入するのではなく，グラフェン面 N 枚おきに規則正しく侵入して「第 N ステージ構造」を形成する．すべての層間に侵入した飽和構造が，第1ステージである．

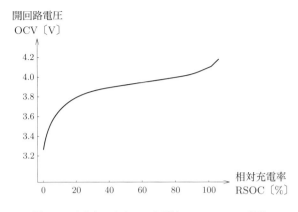

図2.8　リチウムイオン二次電池の SOC-OCV 特性

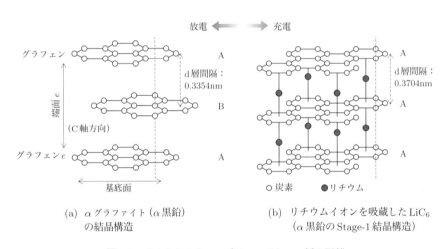

図2.9　リチウムイオンのグラファイトへの挿入脱離

　二つのステージ，たとえば Stage-2 と Stage-1 が共存すると，相平衡 (phase equilibrium) 状態になる．水が沸騰して液相と気相が共存した状態では，温度が一定（沸点）になるように，二相共存領域では電気化学ポテンシャル，すなわち電位が変化しない．

　相平衡状態をミクロに見ると，挿入脱離によるイオンの増減に対して，二つのステージの層内のイオン濃度が等しい状態で両ステージの比率が変化し，電気化学ポテンシャルが一定に保たれる．充放電が進むにつれて，隣接した相平衡に移行してい

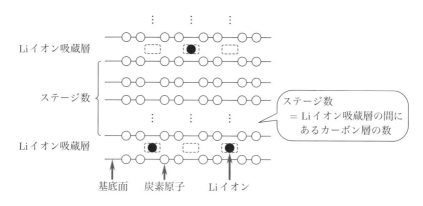

図2.10　グラファイト層間化合物のステージ数

く，SOCと電極電位の特性曲線には，図2.11に示すような三つの電位平坦（potential plateau）領域が存在する．相転移（phase transition）領域では，共存相手のステージ相が入れ替わり，電位が急変する．

充電中に測定して得られたX線回折パターンを図2.12に示す．Stage-2とLiC$_6$のStage-1が共存し，その比率が連続的に変化していく様子などがよくわかる．

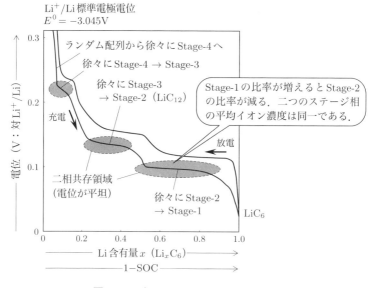

図2.11　グラファイトのステージと電位

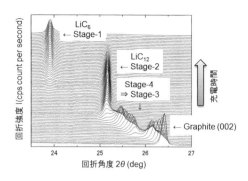

図2.12 充電時におけるグラファイトのX線回折像（出典：(株)日産アーク in-situ XRD）

充電時と放電時でステージ内のイオンの配列が異なり，SOC-OCV特性に小さなヒステリシスが表れる．計測した端子電圧からOCVを推定し，実験で求めたSOC-OCV特性を使ってSOCを逆算するときに，この非対称性が障害となることがある．

電流電圧特性は，他の化学電池と同様に，図2.7の等価回路で記述できる．

2.2.3 リチウムイオン二次電池のSOH劣化

リチウムイオン電池は原理的に劣化に強い電池であるが，高い酸化還元電位と充放電ごとに繰り返される膨張収縮のストレスに起因するさまざまなSOHの劣化モードが混在する．リチウムイオン二次電池の実際の構造を図2.13に示す．正極，セパレータ，負極は，内部抵抗を小さく，容量密度を高くするため，薄膜で密に接するよ

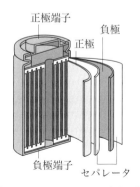

図2.13 リチウムイオン電池の構造

うに構成されている．

図2.14に電極構造の詳細と構成要素ごとの劣化要因を示す．集電極では，電解液との反応による酸化や腐食に伴う劣化が問題になる．活物質では，充放電時のリチウムイオンの挿入・脱離による膨張収縮がもたらすマイクロクラックの発生と，それに伴う電極からの剥離によって劣化が進む．使い方を誤って過充電・過放電を続ければ，結晶構造の破壊や金属リチウムの析出による短絡が起き，それにより融解する．電解液は，電極の強い酸化還元作用に長期間さらされることにより，分解を伴う副反応が進行して，徐々に劣化する．また，定格温度以上で使用すると，熱暴走的な電解液の分解が起こる．

正しい条件で使われているリチウムイオン電池のSOH劣化においては，主にサイクル寿命とカレンダー寿命の二つが重要である．以下では，これらについて解説する．

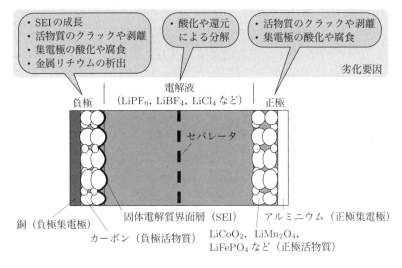

図2.14　リチウムイオン電池の電極構造と劣化要因

[1] 充放電回数に関係する劣化（サイクル寿命）

図2.15のように，充電時には黒鉛の層間を広げる形でイオンが侵入し，負極は膨張する．一方，正極活物質でも層間にあるイオンが脱離して隙間ができるが，コバル

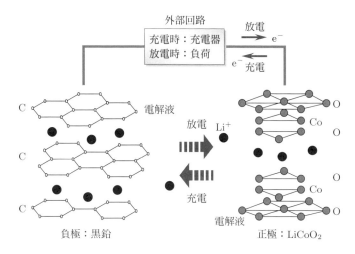

図2.15 リチウムイオンの挿入と脱離

ト酸の強い静電斥力により膨張する．放電の際にはこれの逆が起きる．これらの膨張収縮によって電極の活物質のクラックや剥離が発生し，SOH の低下につながる．最近のリチウムイオン電池では，材料や製造技術が進歩し，このモードによる SOH の劣化はかなり改善されている．

[2] 放置時間による劣化（カレンダー寿命）

リチウム電池は，時間が経過すると，図2.16に示すように，電極と電解液の界面に電気化学反応の副生成物が成長する．一部のイオンはこの固体電解質界面層（solid

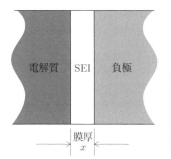

副反応で形成されたSEI層は負極の安定化に寄与するが，リチウムイオンが中に取り込まれてSOHを低下させ，内部抵抗を増加させる．生成膜は拡散律速で成長するので，時間に対して0.5乗則が成立する．

図2.16 SEI の成長モデル

electrolyte interface; SEI) の生成に消費され，リチウムイオンの総数が減る．

SEI 層はリチウムイオンを透過させるが，溶媒分子をブロックする．すなわち，不動態膜として，負極を保護する．このため，製造工程では SEI 生成を促進するために添加剤を入れ，エージング工程で充放電を繰り返し，負極上に安定な SEI 層を形成してから出荷する．エージング初期には SEI 層が薄いので，クーロン効率は低い．エージングが進むにつれて，クーロン効率は急速に高くなる．

出荷後も，充放電や放置で SEI 層は徐々に成長する．SEI 層が厚くなるとイオンの移動の障害になり，電池のインピーダンスを増加させるので，SOP と SOH が低下する．SEI の成長は電気化学反応であり，SOC（または OCV）と温度に強く依存する．

(i) SEI の成長モデル

多くのリチウムイオン二次電池の放置寿命試験や市場データから，充電容量の低下は，試験期間 t の 0.5 乗（平方根）に比例することがわかっている．この原因は，電極と電解質の界面に SEI 層が 1 次元の拡散律速で成長するためであると考えられる．

もう少し詳しく見てみよう．放置期間に界面で副反応

$$Li^+ + e^- + 活物質 \Rightarrow SEI \tag{2.10}$$

が起こり，主に負極上に SEI 層が形成され，図 2.16 に示した被膜の膜厚 x は徐々に大きくなる．この反応は拡散律速で，形成された膜厚 x に反比例し，これはフィックの法則と呼ばれる．SEI 生成速度は，

$$\frac{dx}{dt} = \frac{k}{x} \tag{2.11}$$

で与えられる．ここで，k は生成速度定数である．被膜の形成のときにリチウムイオンが消費される．イオンの減少が電池の放電容量の低下につながるので，膜厚 x と，容量の低下の傾向は一致すると考えられる．

式 (2.11) を変形すると，

$$x dx = k dt \tag{2.12}$$

となる．$t = 0$ のときの膜厚を x_0 として，この両辺を積分すると，

$$x^2 = x_0^2 + 2kt \tag{2.13}$$

が得られる．これより，$x \gg x_0$ のとき，膜厚 x は時間 t の 0.5 乗に比例することが

わかる．したがって，

$$劣化度： 1 - \text{SOH} = k_s t^{0.5} \tag{2.14}$$

となる．ここで，k_s はカレンダー（保存）寿命の劣化速度定数であり，これは環境温度 T や OCV の関数である．

(ii) 温度依存性

化学反応による劣化現象は，市場の多くの製品で見られる．劣化速度と温度の間には以下の関係がある．

> ❖ Point 2.1 ❖　アレニウスの式（Arrhenius equation）
>
> リチウムイオン二次電池の劣化速度 K は，次のアレニウスの式に従った温度依存性を示す．
>
> $$K = \Lambda \exp\left(-\frac{E_a}{RT}\right) \tag{2.15}$$
>
> ここで，Λ は定数，E_a は活性化エネルギー，R は気体定数，T は絶対温度である．

実験データのアレニウスプロット（K を縦軸，温度の逆数を横軸とした両対数プロット）を描くと，E_a は 40 kJ 程度になる．これは，温度が 15°C 上がると寿命が半分になることを意味する．満充電された電池が 25°C で容量の約 20 % を失うとき，これが 40°C になると，同じ時間で約 40 % を失うことになる．

多くの電子部品は 10°C で寿命が半減すると言われており，リチウムイオン二次電池の寿命の温度依存性はこれより緩やかであることがわかる．ただし，限度を超えた高温下では，劣化が急速に進む．

(iii) 開回路電圧（OCV）依存性

カレンダー寿命は，充電率（SOC）（または OCV）に大きく依存する．

この電圧依存性は，電圧の変化 ΔOCV により副反応が左右されることに起因する．アレニウスの式で，活性化エネルギー E_a が ΔOCV でシフトするので，劣化速度 K は

$$K = \Lambda \exp\left(-\frac{E_a - \gamma F \Delta\text{OCV}}{RT}\right) \tag{2.16}$$

となる．ここで，E_a は公称電圧（$\Delta\text{OCV} = 0$）のときの活性化エネルギー，γ は副反応の電荷移動係数（無次元），F はファラデー定数である．

電圧ストレス ΔOCV/OCV による劣化の進行（1 − SOH）は，**べき乗則**（power law）

$$1 - \text{SOH} \propto \left(\frac{\Delta \text{OCV}}{\text{OCV}}\right)^{\alpha} \tag{2.17}$$

で近似できる．ここで，α は劣化に対する電圧ストレスの加速因子で，この値が自動車用電球の 12〜13 に近い値になる電池もある．

以上より，リチウムイオン電池を満充電状態で長期保存することは，好ましくないことがわかる．逆に，部分充電の状態では，経時劣化が緩やかになる．

ロッキングチェア機構で動作するリチウムイオン電池は，酸化還元反応で電極の基本構造が変わらないので，充放電サイクルに強い．サイクル寿命は，サイクル中の温度や OCV に対する劣化の蓄積と考えられることも多い．図 2.17 に，本項で述べたリチウムイオン電池の SOH 劣化をまとめる．

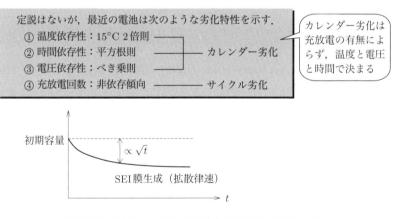

図2.17　リチウムイオン二次電池の SOH 劣化のまとめ

2.3　電解液における主な現象

電解液（electrolyte solution）は，正極と負極の間のイオンの移動に不可欠な構成要素である．電池の内部では，電解液とイオンによる以下の物理メカニズムを介して電気が運ばれている．

2.3.1 溶媒中のイオン化

イオン性物質を有極性溶媒に溶解すると，**正イオン**（positive ion; cation）と，**負イオン**（negative ion; anion）に解離する．図2.18に示すように，これらのイオンは，溶媒の有極性分子（polar molecule）に囲まれて，**溶媒和イオン**（solvated ion）になり安定な状態になる．

電解液は，電子に対しては不導通で，イオンが電気の運び手である**キャリア**（charge carrier）となる．イオン伝導は純粋な物理現象であり，**イオン伝導電流**（ion conduction current）I_C は，図2.19に示すような電界（電位勾配）の静電力で移動する**泳動電流**（drift current; migration current）I_E と，イオンの濃度勾配によって移動する**拡散電流**（diffusion current）I_D の和で表される．すなわち，

$$I_C = I_E + I_D \tag{2.18}$$

が成り立つ．なお，電池では，溶媒を使わないイオンのみからなる溶融塩や，固体の電解質が使われることもある．

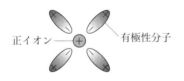
(a) 溶媒和された正イオン

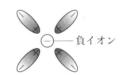
(b) 溶媒和された負イオン

図2.18　溶媒和されたイオン

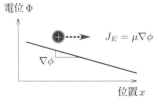
(a) 電位勾配による正イオンの泳動電流
　　（J_E：泳動電流密度）

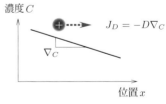
(b) 濃度勾配による正イオンの拡散電流
　　（J_D：拡散電流密度）

図2.19　イオン伝導

イオンは熱エネルギーにより，常温で数百 m/s という速い速度で周囲の分子と衝突を繰り返している．個々の運動はランダムなので，全体が均一な状態では，移動方向は平均化され，正味の電流は流れない．静電力や濃度差などが存在するときに，マクロな輸送が発現して電流が流れる．なお，イオン群としての移動速度は遅く，0.1 m/s 程度である．

電解液には，比誘電率（双極子モーメント）が大きい溶媒が必要である．これは，溶媒が強い有極性を持たないと，電解質塩がイオンに解離しにくいからである．

金属イオンが金属表面から遊離するメカニズムを，簡単のため，ギブズエネルギーでなく静電エネルギーだけで考察してみよう．

電荷 q，半径 r の金属イオンが，昇華して真空中にあるときの静電エネルギー E_1 は，電磁気学によれば，ε_0 を真空の誘電率として，

$$E_1 = \frac{q}{4\pi\varepsilon_0 r} \tag{2.19}$$

で与えられる．イオンが比誘電率 ε_s の電解液の中にあるときの静電エネルギー E_2 は，

$$E_2 = \frac{q}{4\pi\varepsilon_s\varepsilon_0 r} \tag{2.20}$$

であり，イオン化エネルギーが小さくなる．金属を水中に入れると錆びやすいのは，水の誘電率が高く，金属がイオン化されやすいためである．金属イオンを固体から気化して作るときに必要なエネルギーは，溶液中で電離するのに必要なエネルギーよりも1桁以上も大きい．

前述したように，金属イオンが比誘電率 ε_s の電解液の中にあるとき，溶媒の有極性分子がイオンを取り囲んで**溶媒和**を形成している．このため，イオンの見かけの半径 r が ε_s 倍になって，式 (2.19) の静電エネルギーが小さくなったと解釈することもできる．

水は比誘電率が 80 近くもあり，粘度が低くイオンの泳動に有利なので，水溶液は優れた電解液である．鉛蓄電池で使う硫酸 H_2SO_4 は，水溶液中で水素イオン（陽子）H^+ と硫酸水素イオン HSO_4^- に，ほぼ 100 % 解離している．水素イオンは溶媒和を伴って移動するだけでなく，水分子を次々に伝わってホッピング伝導することができるので，単位電界（1 V/m）を与えたときのイオンの速度〔m/s〕である**イオン移動度**（ion mobility）〔m^2/Vs〕が極めて大きい．水酸イオンも類似の機構で移動でき

るため，伝導率が他のイオンより1桁程度高くなる．

起電力が大きい電池の電解液には有機溶媒が使われるが，誘電率は水より小さく，粘性も大きくなるので，電解液の調合が重要な開発課題となる．

電極（電子伝導体）と電解液（イオン伝導体）の界面には，電気二重層が形成され，電子はこの極めて薄い領域を量子波動として，トンネル効果で通り抜ける．この電子の授受により，界面で**酸化還元反応**（redox reaction; oxidation-reduction reaction）が起こる．これについては2.5節で詳述する．

2.3.2 誘電緩和

電解液中に負の過剰電荷が出現すると，負電荷の周囲に正イオンが瞬時に集まり，負電荷を遮蔽して中性化する．中性化するのに要する時間を**誘電緩和時間**（dielectric relaxation time）といい，この時間 τ_d には

$$\tau_d = \rho\varepsilon$$

という関係がある．ここで，ρ は電気抵抗率であり，ε は誘電率である．この誘電緩和現象は，図2.20のように，充電したキャパシタ C に抵抗 R を並列に接続したときに，時定数 $\tau = RC$ で電荷が中和されるのと，まったく同じ原理の物理現象である．

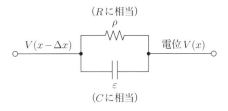

図2.20 誘電緩和との電気等価回路モデル

2.3.3 デバイ長

過剰電荷に集まった反対極性のイオンは，同種イオン同士で反発して拡散もするので，完全に重なることはできない．図2.21のように，拡散力と静電力のつり合いで

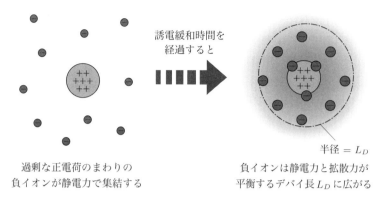

図2.21 誘電緩和とイオン雰囲気

決まるイオン雰囲気 (ionic atmosphere) の厚さ，すなわち**デバイ長** (Debye length) L_D を半径とする極めて微小な領域に，球対称の雲状になって分布する．

デバイ長は誘電緩和時間 τ_d 内にイオンが拡散する距離なので，拡散係数が D のとき $L_D \approx \sqrt{D\tau_d}$ となる．電解質の抵抗率が $\rho = 1\ \Omega\text{m}$，比誘電率が $\varepsilon_s = 60$，拡散係数が $D = 10^{-9}\ \text{m}^2/\text{s}$ のとき，誘電緩和時間 $\tau_d = \rho\varepsilon_s\varepsilon_0 \approx 0.5$ ns (ε_0 は真空の誘電率)，デバイ長 $L_D \approx 0.7$ nm となる．なお，電解液中のリチウムイオンの拡散係数は $D = 10^{-9} \sim 10^{-10}\ \text{m}^2/\text{s}$ である．一方，半導体の電子は $D = 10^{-2} \sim 10^{-3}\ \text{m}^2/\text{s}$ のオーダーで，液中のイオンより速度が数桁速い．

2.3.4　電気的中性の原理

誘電緩和時間 τ_d よりも数倍長い時間スケール，かつ，デバイ長 L_D より数倍大きい空間スケールで見ると，過剰電荷の影響は相殺されているので，電解液の中は電気的に中性になる．電解液で起こるさまざまな反応では，誘電緩和時間もデバイ長も通常は極めて小さく，無視することができるので，場として常に正電荷と負電荷の数が等しい，すなわち，**電気的中性の原理** (electro-neutrality principle) が成り立つ．

2.3.5 電気二重層

図 2.22 に示すように,電解液に溶解[2]しない一対の電極を入れると,界面に電荷が誘起されて**電気二重層**(electric double layer; EDL)が形成される[3]. この現象を誘電分極という. 電極内も電解液内も電位勾配がないので,電気二重層の狭い領域に電位障壁 Φ_A, Φ_B〔eV〕が形成されて,化学平衡する. 二つの電極材料が同一の場合には,$\Phi_A = -\Phi_B$ で静電位差は相殺されてゼロになるが,異なる材料の場合には,電位差(起電力)が発生する.

図 2.23 に示すように,同一材料であっても,電極間に外部から電圧 V_{AB} を印加すると,電圧を印加しないときには左右対象だった電気二重層の向きが同一方向を向く. 対称電気化学セルの等価回路は,図 2.24 のように,同じ容量を持つコンデンサの直列回路で表すことができる.

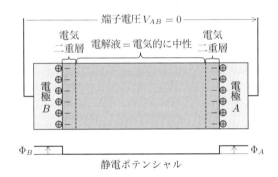

図 2.22 対称電気化学セルの誘電分極(外部端子に電圧を印加しないとき,すなわち,バイアス電圧 = 0 V)

---

[2] $M + ne^- = M^{n-}$ の反応式で金属電極 M 自身が電極反応に関与すると,融解する.
[3] フェルミ準位が異なる二つの相(たとえば半導体の P 層と N 層)を接合すると,電子が移動して両相は正負に帯電し,平衡する. 電気的中性の原理から,二つの相の内部では正電荷と負電荷の過剰が許されないので,界面に電荷が集積して電気二重層が形成され,静電ポテンシャルの段差(=電位差)が生まれる. 1.3.2 項を参照.

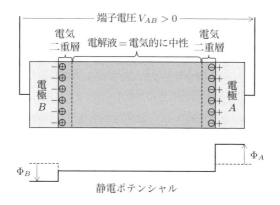

図 2.23 対称電気化学セルの誘電分極(外部端子に電圧を印加したとき,すなわち,バイアス電圧 ≠ 0 V)

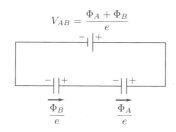

図 2.24 対称電気化学セルの誘電分極の等価回路

2.4 電解液の電流電圧特性

2.4.1 イオンによる電気の輸送

電解液の内部には自由電子がないので,正イオンと負イオンの輸送で電流が流れる.このとき,以下の性質が成り立つ.

(1) 電気的中性の原理より,イオン価が同一,すなわち,(正イオンの数) = (負イオンの数) が成り立つような正イオンが熱平衡より過剰にある場所では,負イオンも同じ数だけ過剰になる.

(2) 電流保存則により，正イオンと負イオンで運ばれる電流の和は全域で一定である．

なお，複数のイオンが運ぶ電荷の比率を，輸率（transport number）という．全体の電流輸送の中で，一番身軽で電荷の大きいイオンが最大の役割を担う．

イオンの伝導電流は，**泳動電流**と**拡散電流**に分けられる．泳動電流は電位の勾配 $\nabla V(x)$，拡散電流はイオン濃度の勾配 $\nabla c(x)$ で流れる．ここで，1次元のとき ∇ は $\nabla = \partial/\partial x$ である．

電荷がイオンの泳動で運ばれるときは，粘性による運動量の減少（非弾性衝突）を補填するために，電位勾配（電界）による加速エネルギーの供給が常に必要になる．このため，電流が流れるときに電圧降下が生じ，これが電解液の線形（オーム性）抵抗損失となる．

拡散電流は，電解液から熱エネルギーを与えられて輸送するので，電気エネルギーを消費しない．拡散電流の物理モデルと電気等価回路を図2.25に示す．物理モデルでは，キャリアの拡散素子（diffusance）H_D と蓄積素子（storance）S で表記した．電気等価回路は，抵抗とコンデンサのローパスフィルタ回路で表される．

イオン濃度を平衡状態からシフトするには，印加電圧で静電ポテンシャルを変動させる必要がある．印加電圧と拡散電流の比が，電気的な拡散インピーダンス[4]になる．

高い周波数領域では，拡散の遅れに対応するインピーダンスの虚数項が無視できなくなる．イオンの移動速度は半導体のキャリアよりも数桁も遅いので，電池では，低い周波数領域から拡散インピーダンスの虚部が無視できなくなる．スイッチング

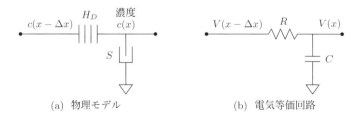

(a) 物理モデル　　　　　(b) 電気等価回路

図2.25　拡散電流のモデル

---

[4] PN接合ダイオードでも，注入された少数のキャリアは中性領域を拡散で移動していく．少数のキャリアを注入するために加えたバイアス電圧と拡散電流の比が，拡散インピーダンスである．

電源などの設計において,電池を(定電圧電源)+(直流抵抗)として扱うと,期待した動作をしないこともある.

2.4.2 移動度と拡散係数の関係

拡散現象は熱エネルギーによる輸送なので,その起こりやすさの指標である**拡散係数** D 〔m^2/s〕は,絶対温度 T に比例すると考えられる.また,エネルギー源が異なるが,同じように移動のしやすさを示す指標である泳動の**移動度**〔m^2/Vs〕にも比例すると考えられる.

電荷 q を持つ粒子があるエネルギー準位をとる確率が,**ボルツマン分布**(Boltzmann distribution)に従うときは,**アインシュタインの関係式**(Einstein relation)

$$D = \frac{\mu_q k_B T}{q} = \left(\frac{k_B}{q}\right)\mu_q T \tag{2.21}$$

が成立し,この予想が正しいことがわかる.ここで,k_B はボルツマン定数,μ_q は移動度である.この式より,D と μ_q および T が比例関係にあることがわかる.多くの粒子系がボルツマン分布で表せるので,極めて有用な関係式である.

式 (2.21) を,

$$D = V_T \mu_q \tag{2.22}$$

と書くこともある.ただし,$V_T = k_B T/q$ は**熱電圧**(thermal voltage)と呼ばれる.この V_T は熱エネルギーと電気エネルギーの換算係数で,電子では常温 300 K で約 26 mV である.電子の熱エネルギーは常温で約 26 meV である.反対に 1 V を印加すると,電子に 10000 K 以上の温度を与えたことに相当する.電気化学反応において電気エネルギーがいかに大きな役割を果たしているかが,この事実からよくわかる.

2.5 電極界面の反応

2.5.1 誘電分極

2.3.5 項で述べたように,電解液に溶解しない一対の電極に電圧を印加すると,電流が一瞬だけ流れて界面に電気二重層が形成されて,すなわち**誘電分極**して,反応

は停止する（図2.23参照）．電極も電解液も内部は電気的に中性なので，この誘電分極によって界面の近傍だけに電位差（電界）が発生するのである．

この誘電分極の電荷蓄積効果を利用したものの一つに，電気二重層キャパシタがある．ただし，純水は電気伝導率が低いので，実用の**電気二重層キャパシタ**では，純水に硫酸などを加えて導電性を上げる．電極反応に関与しないで電解液の電気抵抗を下げる電解質を，**支持電解質**（supporting electrolyte）という．電池でも抵抗を下げる目的で使われる．

電気二重層の詳細を図2.26に示す．金属電極の電子濃度は電解液のキャリアのイオンの濃度より圧倒的に高いので，電解液側に空間電荷層ができる．電気二重層は，電解液のイオン濃度が極端に低くなければナノスケールの厚みであり，その内部は溶媒の双極子などが並んで強い電界が発生している．

電気二重層では，電荷は**ヘルムホルツ層**（Helmholtz layer）と呼ばれる強電界の分極領域と，その外側に電界が緩やかに減少していく**拡散二重層**（diffusion double layer）に分かれる．電荷が界面に密に集積しないのは，デバイ長の数倍の範囲までは電気的中性が崩れることが許容されるからである．

正負端子に電圧を印加すると，誘電分極に強い電界が加わり，やがて電極から電解

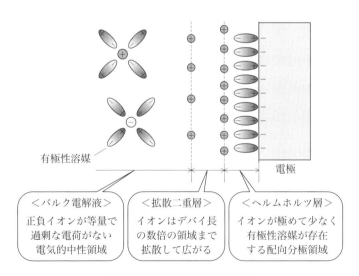

図2.26　電気二重層の周辺領域

液側に，または電解液側から対向する電極面側に電子が移動する放電反応が起こる．

電解液中のイオンは，一般に電極に侵入できない．しかし，電子は，電極表面から1 nm 程度の狭い領域では，絶縁物中であっても波動性により対面側に浸み出すことができ，これをトンネル現象という．こうして界面で，電荷移動過程と呼ばれる電子の授受，つまり酸化還元反応が起こる．電解液中の電子波は，伝搬距離に対して負の指数関数で減衰するので，界面から数 nm 以上離れたところでは，酸化還元反応がまったく起こらない．

常温の水溶液では，印加電圧が 1.23 V を超えると，水の電気分解が始まる．分解速度は電極材料によって数桁以上も変動するが，この理論電圧が電気二重層キャパシタの耐圧の上限を決めていると考えてよい．

2.5.2 活物質を入れた非対称電気化学セル

電子の**フェルミ準位**が異なる二つの活物質（active material）[5]を互いに混じり合わないように電解液に入れ，それぞれの液中に電極を浸漬すると，電位が異なる電極，すなわち，正極と負極となる．

たとえば，図 2.27 のように，強酸（aq）[6]を入れた容器を，H^+ イオン（proton）が透過できる隔膜で二分して，それぞれに酸化体 O_+ の酸素 O_2 (g) と，還元体 R_- の水素 H_2 (g) を 1 気圧で吹き込むと，溶液のフェルミ準位は異なる値 φ_+ と φ_- をとる．H^+ イオンが泳動できるので，静電位は同じ ϕ_{aq} になる．なお，正負の活物質が固体の場合は，隔膜は不要である．

この中に電解液と反応しない電極を入れる．たとえば白金電極を浸漬すると，電極と電気二重層の近傍の活物質 O_2 (g) と H_2 (g) の間で電子が交換される．界面にはそれぞれ静電位差 $E^+ = \phi_{Pt}^+ - \phi_{aq}$，$E^- = \phi_{Pt}^- - \phi_{aq}$ が生じて，正負電極のフェルミ準位 $\varphi_{Pt}^+, \varphi_{Pt}^-$ は，正負活物質のフェルミ準位と一致する．正負電極の電位差は，活物質のフェルミ準位差 $(\varphi_+ - \varphi_-)/(-e)$ に等しく，起電力 E は，常温において

$$E = E^+ - E^- = \phi_{Pt}^+ - \phi_{Pt}^- = \frac{\varphi_- - \varphi_+}{e} \approx 1.23 \text{ V}$$

---

[5] 電池の中心的役割を担う酸化還元反応の関与物質．実用の固体活物質では，凝集を防ぐ分散剤や，導電性を向上させる導電助剤，バインダなどを加える．

[6] (aq) は水溶液，(g) は気体，(ℓ) は液体を表す．

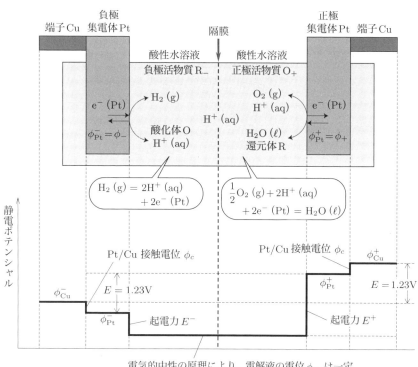

図2.27 水素酸素燃料電池の電極反応と電位分布

になる．

　白金 (Pt) 電極は，酸化還元反応の触媒活性と同時に，電気化学セルと外部回路の間で電子交換する集電極の役割を果たしている．Pt 電極と銅 (Cu) 端子の間には，**接触電位差** (contact potential difference) ϕ_c があるが，これは正極と負極で同値なので相殺される．

　代表的な実用電池の正負極集電体，正負極活物質，電解液，公称電圧を表2.1にまとめる．

　以上から，次の Point 2.2 を得る．

表2.1 代表的な実用電池の構造例

代表的な実用電池		正極集電体	正極活物質	電解液の主な成分	負極活物質	負極集電体	公称電圧
一次電池	マンガン電池	炭素棒	粉状 MnO_2	$ZnCl_2$ (aq)	円筒状 Zn缶	円筒状 Zn缶	1.5 V
	アルカリマンガン電池	導電塗料(C粉末など)	粉状 MnO_2	KOH (aq)	粉状 Zn	真鍮電極棒	1.5 V
	亜鉛空気電池	多孔質(粉状)C	O_2 ガス (大気)	KOH (aq)	粉状 Zn	粉状 Zn	1.3 V
	固体高分子型燃料電池	Auメッキ金属板	O_2 ガス (大気)	フッ素系高分子	H_2 ガス	Auメッキ金属板	1.2 V
二次電池	鉛蓄電池	格子体 Pb	粉状 PbO_2	H_2SO_4 (aq)	粉状 Pb	格子体 Pb	2.0 V
	ニッケルカドミウム電池	発泡 Ni板	粉状 NiOOH	KOH (aq)	粉状 Cd	多孔金属板	1.2 V
	ニッケル水素電池	発泡 Ni板	粉状 NiOOH	KOH (aq)	粉状水素吸蔵合金	多孔金属板	1.2 V
	リチウムイオン電池	Al箔	粉状 Li_xCoO_2	有機溶媒	粉状 C_6Li	Cu箔	3.6 V

❖ Point 2.2 ❖ 化学電池とは

図2.28に示すように,**酸化体**(oxidant)(あるいは,電子受容体,アクセプタ(electron acceptor)とも呼ばれる)を正極活物質とし,**還元体**(reductant)(あるいは,電子供与体,ドナー(electron donor)とも呼ばれる)を負極活物質とした非対称の電気化学セルが**化学電池**である.正極は正に帯電して,電解液の界面には負イオンが集積する.逆に,負極の電極面は負に帯電して,電解液の界面には正のイオンが集積する.

電池の起電力は,正負電極の基準電極に対する起電力 E^+, E^- の差,すなわち

$$E = E^+ - E^- \tag{2.23}$$

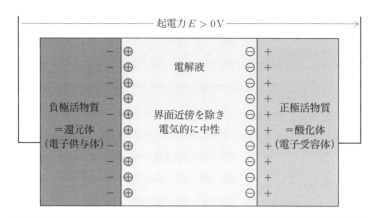

図2.28 化学電池の構成：正極と負極の界面のイオン

で与えられる．放電反応が単位モル数だけ進行したときのギブズエネルギーの変化が $\Delta G\ (<0)$ のとき，電荷 nF が電位 E^- と電位 E^+ にあるときの静電エネルギーの差は $-\Delta G$ なので，

$$E = -\frac{\Delta G}{nF} \tag{2.24}$$

が成り立つ．ここで，n は反応に関与する電子の数，F はファラデー定数である．

酸化体 O と還元体 R が次の反応をするとき，濃度による電極の起電力の変化は Point 2.3 に示すネルンストの式で与えられる．

$$\mathrm{O} + ne^- = \mathrm{R} \tag{2.25}$$

❖ Point 2.3 ❖　ネルンストの式（Nernst equation）

電極の起電力とイオン濃度の依存性は，次のネルンストの式を満たす．

$$E = E^0 + \frac{RT}{nF} \ln \frac{[\mathrm{O}]}{[\mathrm{R}]} \tag{2.26}$$

> ここで，R は気体定数である．また，[O] は酸化体の，[R] は還元体の**活量**（activity）[7]であり，E^0 は活量が [O] = [R] = 1 のときの標準起電力である．

　図2.29に示す電解液に融解しない金属電極Mと酸化体Oの，電解液の界面における電子の授受を詳細に見てみよう．接触直前の状態では，金属電極Mのフェルミ準位は，酸化体Oのフェルミ準位より高い（図(a)）．金属電極Mと酸化体Oを接触させると，式(2.26)より，電子が酸化体Oに移動し，Oは還元される（図(b)）．電子の移動により金属電極Mと酸化体Oのフェルミ準位が一致すると，平衡状態となる（図(c)）．金属Mと接触するのが還元体Rである場合には，金属のフェルミ準位が還元体Rのフェルミ準位より低いので，電子は還元体Rから電極Mに移動し，Rは酸化される．このように，フェルミ準位の大小関係により電子の授受（酸化と還元）が起こる．

　この二つの電子の移動による静電ポテンシャルの変化により，金属Mのフェル

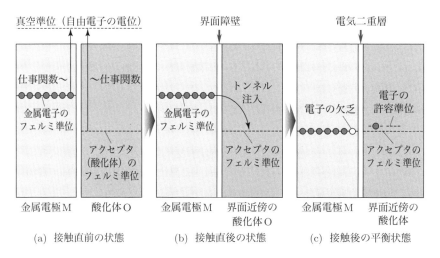

図2.29　金属・負電極界面近傍での電子のやりとり（図の縦軸は電子のフェルミ準位で，電位は下方が正になる）

---

[7] イオン濃度が濃くなると，イオン間の相互作用のために有効に動けるイオンの数が減少する．そこで，熱力学的な実効濃度として活量を定義する．濃度が薄い場合は，近似的にはモル濃度で代用できる．

ミ準位は，酸化体と還元体からなる反応関与物質系 R/O のフェルミ準位に等しくなり，平衡する．酸化体 O と還元体 R の濃度を変えると，反応関与物質系のフェルミ準位が変位して起電力が変化する．この起電力の変化を定量的に表したのが，式 (2.26) のネルンストの式である．

界面近傍での酸化反応を**アノード反応**（anodic reaction），還元反応を**カソード反応**（cathodic reaction）と呼ぶ．反応速度論で見ると，アノード反応による電流とカソード反応による電流が差し引きゼロになり，動的平衡が保たれていると考えられる．このとき逆方向に流れる等量の電流 I_0 を**交換電流**（exchange current）という．I_0 が大きい電池は，電流供給能力が高い．外部から電圧を印加したときに流れる非平衡電流については，2.6 節で述べる．

電荷（電子）移動反応に関連して，正負活物質と集電極の電気伝導について補足する．正負活物質には導電体や半導体，絶縁体が使われる．活物質が良導体のときは，集電極と界面の電位障壁が極めて薄く，低抵抗のオーム性接触（ohmic contact）となる．活物質が絶縁体の場合には，絶縁体をナノサイズに微細加工してトンネル効果で電流が流れるようにする．

活物質が半導体の場合には，接触界面で図 2.30 に示すような電子の移動が起こ

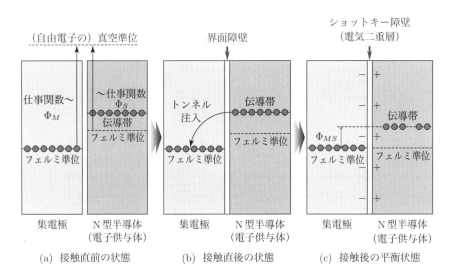

図 2.30　金属・半導体界面近傍での電子のやりとり

り，界面に電気二重層からなるショットキー障壁（Schottky barrier）が形成される．ショットキー障壁の厚さは半導体の不純物濃度に依存し，不純物濃度が低いほどショットキー障壁は厚くなり，整流性を持つようになる．電子回路で使われるショットキーバリアダイオード（Schottky barrier diode; SBD）ではショットキー障壁の整流作用を利用するが，電池では障壁をできるだけ薄くして，トンネル効果によりオーム性の電流が流れるようにする．

2.5.3 ゲストホスト電極の界面現象

今まで説明してきた通常の化学電池と違い，リチウムイオン電池ではイオンをゲストとするホスト電極を使うので，図2.31に示すように，電極は電子とイオンの伝導体となる[8]．したがって，電気二重層では電荷移動反応は起こらないで，リチウムイオンの**溶媒和-脱溶媒和反応**（solvation, de-solvation）と，電極への**挿入-脱離反応**（intercalation, de-intercalation）が起こる．電極内では，リチウムは正イオンのまま存在するが，誘電緩和により近傍の電子で中和される．

負極にグラファイトを用いた場合，内部にリチウムイオンが侵入すると，グラファ

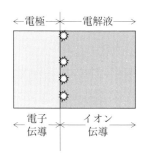
(a) 化学電池の電荷移動過程

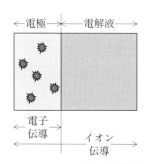
(b) リチウムイオン電池の誘電緩和過程

☼ (a) 電荷移動過程 ＝ 反応関与電子と反応関与物質の放電反応
✹ (b) 誘電緩和過程 ＝ 電極内の正イオンを中和する電子雲の形成

図2.31　通常の化学電池とリチウムイオン電池の電荷のバトンタッチ

---

[8] 特定の粒子を選択的に取り込む秩序高い空間を提供する分子をホスト，そこに受け入れられる粒子をゲスト，全体をゲストホスト構造（host-guest system/structure）と呼ぶ．

イトの共有結合に寄与していない π 電子が，極めて短い誘電緩和時間でイオンの正電荷を中和する．これは**誘電緩和過程**と呼ばれる．これにより不足した電子は外部（充電器）から負極へ供給される．イオンが脱離反応をするときは，逆の反応が起こる．正極では，たとえば，遷移金属酸化物の電子とリチウムイオンの間で**誘電緩和過程**が起こる（2.2節参照）．

2.6 電池の電流電圧特性

化学電池では，端子電圧 V_T を開回路電圧（OCV）からゼロでない η 〔V〕だけ変化させると，動的平衡が崩れる．この η を過電圧という．放電時には端子電圧が開放電圧より低くなり（$\eta<0$），充電時には高くなる（$\eta>0$）．

$\eta<0$ の放電時には，正極で電解液（＋イオン）に電子を放出するカソード反応，負極では電解液（－イオン）から電子を受容するアノード反応が起こる．このとき，外部回路では，電子の流れと反対に正極（カソード）から負極（アノード）に向かって電流が流れている．

$\eta>0$ の充電時には，正極でアノード反応，負極でカソード反応が支配的になり，充電電流が外部回路から正極（アノード）に流れ込んでいる．化学電池内部の電流は，放電のときも充電のときも，アノード反応の側の電極（陽極）から，カソード反応の側の電極（陰極）に向かって流れている．過電圧 η の大きさを加減することで，充放電反応を制御することができる．

2.6.1 反応性電極面での放電現象

反応性電極面は，以下の経路で電子のやりとりをして**電荷移動過程**を起こす場である．

電極 ⇔ 界面での酸化還元関与物質 ⇔ 電解質の伝導イオン

溶媒，溶質，電極のうちで最も反応しやすい物質が電子の授受，すなわち酸化還元反応をすると，反応関与物質（反応物とその生成物）に濃度勾配ができる．反応物質の溶媒や溶質が，電解液の沖合から反応領域に供給され，反応生成物は反対に沖合へと搬出され，これは**物質移動過程**と呼ばれる．いずれの過程も，反応を促進する

には過電圧が必要である．

電荷移動に伴う過電圧には，電極反応を起こすための**活性化過電圧** η_{ct} と，物質を移動させるための**濃度過電圧** η_c がある．これらについて以下で説明する．

[1] 活性化過電圧：η_{ct}

電流密度が小さいときは，反応関与物質の濃度は電極表面と沖合でほぼ等しく，電極面での反応が律速過程となる．電荷移動電流 I と活性化過電圧 η_{ct} との関係は，図2.32のアレニウスの式が成立するとき，次の**バトラー＝フォルマーの式**で与えられる（導出は文献[3]参照）．

> ❖ Point 2.4 ❖　**バトラー＝フォルマーの式**（Butler-Volmer equation）
>
> $$I = I_0 \left[\exp\left(\frac{\alpha \eta_{ct} nF}{RT}\right) - \exp\left(-\frac{\beta \eta_{ct} nF}{RT}\right) \right] \tag{2.27}$$
>
> ここで，n はイオン価数，α はアノード反応の移動係数，$\beta = 1 - \alpha$ はカソード反応の移動係数で，通常 $\alpha \approx \beta \approx 0.5$ となる．F はファラデー定数で，R は気体定数である．I_0 は交換電流で，反応の**活性化エネルギー**（activation energy）E_a とイオン表面濃度で決まる．単位面積当たりの交換電流は，電極と電解液の組合せにより，数桁以上も変化する．実用的な電池の反応性電極は，交換電流 I_0 が大きい．

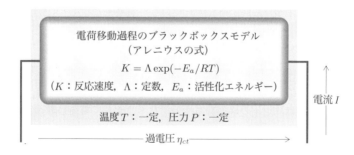

図2.32　過電圧 η_{ct} とアレニウスモデル

図2.32に示すアレニウスモデルにおいて，活性化エネルギー E_a は，化学反応を起こすとき，基底状態から遷移状態の障壁を乗り越えるのに必要となるエネルギーである．化学反応の種類や温度によって，E_a は変わる．目安の数値としては，1 mol当たり 50 kJ 程度，1粒子当たりに換算して 0.5 eV である．

式 (2.27) 中の指数関数項はアレニウスの式と同義であり，第1項がアノード反応の過電圧に対応した項，第2項がカソード反応の過電圧に対応した項である．この式から，電流電圧特性は図2.33のように表される．活性化過電圧 η_{ct} が正の大きな値であれば式 (2.27) の第1指数項で表されるアノード反応が支配的になり，逆に，負の大きな値であれば第2指数項で表されるカソード反応が支配的になる様子が，図2.33から理解できる．

式 (2.27) の指数関数第2項だけを見ると，温度が上昇すると電流が減少するように見えるが，この項は過電圧による電流の変化を表した補正項である．すなわち，温度が上昇すれば熱エネルギーが増大し，電気エネルギーの影響が相対的に減ることを示している．熱による作用は交換電流 I_0 に表されており，ここには**ボルツマン因子**[9] $\exp(-E_a/RT)$ が陰に含まれていて，温度が上昇すると電流 I は急増する．

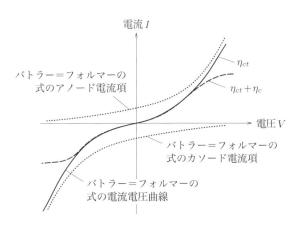

図2.33　反応性界面の電流電圧特性

---

[9] ボルツマン因子は，外部と粒子交換がない系 (canonical ensemble) で，古典粒子があるエネルギー準位をとる相対的な（正規化されていない）確率を与える式である．

さて，半導体の PN 接合ダイオードの電流電圧特性は

$$I = I_0 \left[\exp\left(\frac{eV}{nk_BT} \right) - 1 \right] \tag{2.28}$$

で与えられる．ここで，I_0 は飽和電流，e は素電荷，k_B はボルツマン定数である．n 値（n-value）は理想ダイオードで $n = 1$ であり，電流密度が大きい（高水準注入）領域で $n = 2$ となる．式 (2.28) の指数項を見ると，温度が上がると電流が減るように見えるが，実際は交換電流に相当する飽和電流 I_0 が増加することに注意しよう．

なお，式 (2.27) ではファラデー定数 F と気体定数 R，式 (2.28) では素電荷 e とボルツマン定数 k_B が使われている．$F = N_a e$，$R = N_a k_B$（N_a はアボガドロ定数）であるので，両者の違いは，前者が 1 mol の粒子系，後者が単一電子に対して導かれていることによる．

電極・電解液の電流電圧特性は，2 個の PN 接合ダイオードを逆向きに並列接続した回路に似ている．PN 接合では，N 層から P 層へ移動する電子の一方向の流れを印加電圧で変化させているので，電流電圧特性は整流性となる．電極界面ではカソード反応とアノード反応があり，電子は逆向きにも流れるので，電流電圧特性は非整流性になる．

以上より，次のようなことが考察できる．

❖ Point 2.5 ❖ バトラー＝フォルマーの式と PN 接合ダイオードの特性の類似性のルーツ

(1) 熱化学反応の速度は，経験的に**アレニウスの式** (2.15) で与えられる．
(2) 印加電圧によってアレニウスの式の活性化エネルギー E_a が，電気エネルギー nFV の分だけシフトすると仮定すると，**バトラー＝フォルマーの式** (2.27) が導かれる．
(3) バトラー＝フォルマーの式で $I = 0$（平衡系）とすると，式 (2.26) の**ネルンストの式**になる．
(4) ネルンストの式の活量比を占有率と解釈すると，第 1 章の式 (1.1) の**フェルミ分布関数**となる．
(5) フェルミ分布を $I \neq 0$（非平衡系）に拡張すると，式 (2.28) の PN 接合ダイオードの式が得られる．

(6) エネルギーが高いと，フェルミ分布は古典統計力学のボルツマン分布に漸近する．

(7) ボルツマン分布を非平衡系に拡張して反応速度を求めると，**アレニウスの式**(2.15) になる．

[2] 濃度過電圧（拡散分極）：η_c

電荷移動反応が拡散反応速度を超えた状態では，電極の表面濃度 C^* が沖合濃度 C と異なるため，$C^* = C$ と仮定したバトラー＝フォルマーの式は成立しなくなる．これは拡散律速と呼ばれる．表面濃度の減少による活性化過電圧の補正項が，濃度過電圧 η_c である．

2.6.2 界面を流れる変位電流

界面を通過する電流には，ファラデー過程（酸化還元反応過程）の電荷移動電流のほかに，電気二重層の分極電位を変調して流れる変位電流がある．

界面のインピーダンスの実部は**電荷移動抵抗** R_{ct} であり，

$$R_{ct} = \frac{d\eta_{ct}}{dI} \tag{2.29}$$

を満たす．すなわち，過電圧 η_{ct} を電流 I で微分したものが電荷移動抵抗 R_{ct} である．過電圧が大きい領域の微分抵抗 R_{ct} は，充放電電流 I_{dc} により大きく変化する．電気二重層の静電容量（正しくは微分容量）C_{dl} には変位電流が流れて，界面のインピーダンスの虚部となる．化学電池の C_{dl} は小さく，端子電圧 V_T が変化した瞬間にわずかな変位電流が流れる．**電流連続の式**（電荷保存則）により，放電電流と変位電流の和は電池の全電流に等しい．これを等価回路で表すと，図2.34 (b) のような電荷移動抵抗と電気二重層容量との並列回路となる．なお，図2.34は，ここで説明した変位電流のほかに，以下で説明するすべての過渡現象を含んだ**複素インピーダンス軌跡**（complex-plane impedance diagram）[10] と等価回路を，それぞれ図(a), (b) として示している．

---

[10] 電気工学ではナイキスト線図（Nyquist plot），電気化学ではコール-コール線図（Cole-Cole plot）と呼ばれる．ここでは，国際標準の IUPAC 命名法に従った．

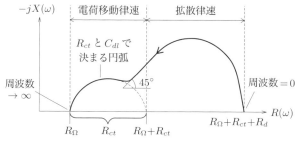

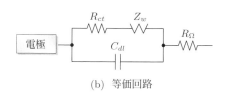

図2.34 電極から沖合までの等価回路と複素インピーダンス軌跡

2.6.3 反応性界面に隣接する領域での物質移動過程

電荷移動過程により，電極表面と電解質相の間に反応関与物質（反応物と生成物）の濃度差ができ，拡散で物質が移動する．この領域を**拡散層**という．拡散層は，図2.25に示した電位勾配を持つ拡散二重層とは異なることに注意しよう．拡散層で正イオンの濃度勾配があると，負イオンがここに重なるように集合して，電気的中性が維持される．

イオンの拡散電流は熱エネルギーで運ばれるので，直接的には電気エネルギーは消費されない．しかし，イオン濃度の差を作るためには，外部電圧を印加して，電気化学ポテンシャルを平衡状態から分極させる必要がある．印加電圧とイオン濃度の関係は，ボルツマン分布で計算できる．印加電圧と拡散電流の比が，電気インピーダンスになる．拡散は時間的な遅れを伴うため，電気インピーダンス Z_d は虚部がマイナスの複素数となる．

界面のイオン濃度 $c(x)$ が平衡状態からずれると，電解液の沖合と界面の間で濃度差ができ，拡散により電流 I が運ばれる．拡散の物理的なインピーダンスは dI/dc である．電圧 V を電極に印加すると，電極面のイオン濃度 $c(x)$ が平衡状態から dc/dV

だけずれる．したがって，電気的な拡散インピーダンス Z_d は，

$$Z_d = \frac{dV}{dI} = \left(\frac{dI}{dc}\frac{dc}{dV}\right)^{-1} \tag{2.30}$$

となる．

電圧の印加から濃度が変化するまでの時間は短いので，式 (2.30) の dc/dV は実数となり，Z_d には応答の遅い拡散項 dI/dc が陽に現れる．理論インピーダンスとして，拡散層の厚み δ を一定とした**ネルンスト拡散層近似**の，1次元有限長**ワールブルグインピーダンス**（Warburg impedance）

$$Z_w(s) = \frac{R_d}{\sqrt{\tau_d s}} \tanh \sqrt{\tau_d s} \tag{2.31}$$

がよく使われる．ここで，s はラプラス演算子，R_d は拡散の直流抵抗，$\tau_d = \delta^2/D$ は厚み δ のネルンスト拡散層を通過するのに要する走行時間に相当する物理量である．ただし，D は拡散係数である．

電池にインバータなどのスイッチング回路を接続すると，端子電圧 V_T の時間応答が重要になるので，式 (2.31) をラプラス変換式で表した．電池のインピーダンス測定をするときは，通常，周波数領域で正弦波を用いて計測するが，このときは式 (2.31) において $s = j\omega$ を代入すればよい．すなわち，

$$Z_w(j\omega) = \frac{R_d}{\sqrt{j\tau_d \omega}} \tanh \sqrt{j\tau_d \omega} \tag{2.32}$$

とする．ここで，周波数 ω を 0 から ∞ に向かって増加させると，Z_w の実部は R_d から 0 に変化する．

ネルンスト拡散層の厚みは 1〜100 μm とされるが，実際の電解質で計測するのは相当難しく，測定したインピーダンスのフィッティングパラメータとして取り扱うことが多い．

2.6.4　濃度がほぼ一定な沖合での泳動過程

物質移動過程で供給される過剰電荷は，電解液中で蓄積されることなく順次排除される．電気的中性，すなわち，電界が一様な領域電解液中の泳動電流は 2.4.1 項で述べたように，オーム性の抵抗となる．

2.6.5 全体の等価回路

電流の流れ全体の電流電圧特性は，今まで順に解説してきた，電荷移動過程と物質移動過程の電流電圧特性の総和である．全体の等価回路（図2.34 (b)）の定数は，複素インピーダンス軌跡（図2.34 (a)）やボード線図などのインピーダンスの測定や，時間応答の電圧電流波形などから同定する．

参考文献

本章では全般にわたって以下の文献を参考にした．

[1] 青木昌治：電子物性工学，コロナ社 (1964)
[2] 古川静二郎：半導体デバイス，電子情報通信学会 (1982)
[3] 大堺・加納・桑畑：ベーシック電気化学，化学同人 (2000)
[4] 渡辺・益田ほか：電気化学，丸善 (2001)
[5] 美浦・神谷ほか：電気化学の基礎と応用，朝倉書店 (2004)
[6] 春山志郎：表面技術者のための電気化学，丸善 (2005)
[7] 石原・太田：原理から捉える電気化学，裳華房 (2006)
[8] 小久見善八：リチウム二次電池，オーム社 (2008)
[9] 芳尾・小沢：リチウムイオン二次電池——材料と応用 第2版，日刊工業新聞社 (2000)
[10] 稲垣道夫：カーボン——古くて新しい材料，森北出版 (2011)
[11] 林 茂雄：エンジニアのための電気化学，コロナ社 (2012)
[12] 金村聖志：電池，共立出版 (2013)

第3章 バッテリマネジメントの基本構成

バッテリマネジメントを行うバッテリマネジメントシステム (battery management system; BMS) の基本機能は，大きく次の三つに分けることができる．すなわち，(1) 保護・安全確保のための制御，(2) 性能確保のための制御，(3) 電池寿命確保のための制御である．本章では，まず，これらの基本構成を説明し，次にその重要な構成要素である充電方法について述べる．また，BMS の適用例と BMS を搭載したバッテリシステムの応用例について，自動車を中心に述べる．

3.1 保護・安全確保のための制御

本節では，保護・安全確保のための過充電と過放電検知，漏電検知，機能安全について説明する．

3.1.1 過充電と過放電検知

リチウムイオン電池は，過充電・過放電に弱い．このため，そのような状態にならないように保護・管理を行うバッテリマネジメントが必要である．バッテリマネジメントは，電池の電圧を計測することによって行われる．最大電圧と最低電圧の閾値を設定して，過充電に対しては最大電圧を超えないように管理し，過放電に対しては最低電圧を下回らないように管理する．このように，電池の電圧がこの最大電圧と最低電圧の間に入るように，充電電流および放電電流を制御する．

自動車用や家庭用の設置型電池では，図3.1に示すように，複数のセルを並列接続または直列接続し，あるいはそれらを複合接続して，高電圧や大容量を実現している．並列に接続されたセルは，電圧が異なることはないため，一つのセルとして扱ってよい．一方，直列に接続されたセルは，流れる電流が同じでも，内部抵抗や充電状

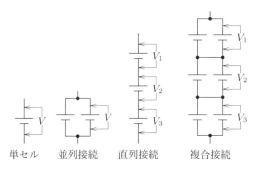

図3.1　セルの接続方法

態が製造時のばらつきや，劣化速度のばらつきで異なり，また自己放電量に違いが生じることもあり，その結果として，それぞれのセルの電圧が異なる場合がある．

過充電・過放電したセルは故障する場合があり，一つでもセルが故障すると組電池全体が故障することになる．そのため，セルごとに電圧を計測して，充電時は最も高い電圧のセルが最大電圧を超えないように，放電時は最も低い電圧のセルが最低電圧を下回らないように制御する必要がある．

3.1.2　漏電検知

携帯電話やスマートフォン，パソコンのように，単セルまたは数個のセルによって構成された低電圧の応用では，漏電検知は不要である．それに対して，自動車では，電圧規格があり，直流 60 V 以上で，漏電検知が必要とされている[1]．従来から自動車に装備されている 12 V の電装関係の電源系の回路（弱電系）では，ハーネスを減らすために，電池のマイナス端子はボディ（車体）に接続されている．一方，電気自動車（EV）やハイブリッド自動車（HEV）などでは，モータの出力が高く高電圧（直流 60 V 以上）のものが多い．この直流 60 V 以上の電圧の回路（強電系）では，自動車を整備するときなどに，ボディに触れた状態で強電系の回路に触れても感電しないようにするため，図3.2の太線で示すように，ボディにアースを接続してはいけないことが規格に定められている．また，アースに接続していなくても，強電系からボディに高電圧が漏電していると感電するおそれが生じるため，強電系とボディとの間の漏電を検出して，運転者に告知することも定められている．

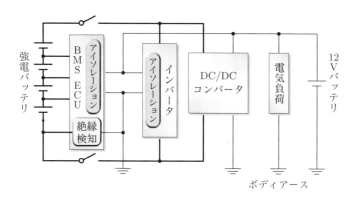

図3.2　強電系のアース

　漏電の具体的検出は，ボディと強電系の間の絶縁抵抗を測ることによって行われる．規格では作動電圧（強電系の電圧）1 V 当たり 100 Ω 以上という基準がある．

　漏電検知専用のシーケンスで漏電検知を行うことは手法的には簡単であるが，専用の回路や部品が必要になり，コスト高である．このため，実際は，システムの作動状態で検知する方法が用いられることが多い．この手法はシステムによって異なり，自動車メーカー各社のノウハウになっている．

　また，バッテリコントローラを構成するマイコンなどは弱電系で動作し，セルの電圧計測などは強電系で動作する．このままでは，信号の受け渡しができないので，フォトカプラや絶縁トランスなどを使用して，絶縁しながら信号だけを受け渡すようにしている．

3.1.3　機能安全

　リチウムイオン電池は，故障モードによっては発火や発煙が伴う危険性がある．バッテリマネジメントシステムが故障してそのような状況になる可能性が生じたら，充放電を停止させて安全を確保するフェイルセーフが必要になる．このように，電子部品に故障が生じても，安全側になるようにすることを**機能安全**（functional safety）という．機能安全では，電子機器分野で IEC61508，自動車分野では ISO26262 という規格が決められている．

　自動車の ISO26262 の例にとって説明しよう．この規格の大きな特徴は，電子シ

ステムの故障に対して，その潜在リスクの大きさに応じて，フェイルセーフの度合いを決めるものである．

[1] H&R

潜在リスクの大きさを示す指標としてASIL（automotive safety integrity level）を使用し，電子システムの故障時に生ずる危険事象に対して，リスクの大きさを解析し決定する．これをH&R（hazard analysis and risk assessment）という．表3.1に，潜在リスクのための指標についてまとめる．ASILは，遭遇確率（exposure），回避度（controllability），危害度（severity）の三つの指標を評価して，リスクの大きさを決定する．

表3.1 潜在リスクのための指標

遭遇確率（exposure）

	E0	E1	E2	E3	E4
定義	ほとんどなし	非常に低い頻度	低い頻度	中程度の頻度	高い頻度
（頻度）	ほとんどの車両で経験していない	3年に1回程度	1年に数回	1か月に1回	運転の機会ごと
（時間）	—	—	平均的な運転時間の1％未満	平均的な運転時間の1〜10％	平均的な運転時間の10％以上

回避度（controllability）

	C0	C1	C2	C3
定義	一般的に制御可能	簡単に制御可能	通常制御可能	制御困難
	防止できる事象	99％以上が制御できる	90％以上が制御できる	平均的な人は制御不能

危害度（severity）

	S0	S1	S2	S3
定義	傷害なし	軽度・中程度の傷害	重大または生命に脅威となる傷害	致命傷の可能性

遭遇確率は，その故障が発生するとリスクが顕在化する場面が，全稼働場面[1]のどれくらいの割合になるかを示す指標であり，

$$遭遇確率 = \frac{対象電子システムの稼働時間}{自動車の稼働時間} \tag{3.1}$$

で与えられる．

たとえば，後退時に作動する電子システムの遭遇確率は，自動車の全稼働時間の中の後退の確率になる．遭遇確率というと故障確率を想像しがちであるが，そうではないので注意が必要である．

回避度は，その故障が発生したときに，ドライバーがどの程度回避できるかを示す指標であり，危害度は，故障によって生じた異常で，人がどれくらい被害を受けるかの指標である．

これら三つの指標の合計で ASIL が決まる．表3.2に示すように，ASIL D が最も潜在リスクレベルが高く，以下リスクの高い順に ASIL C, ASIL B, ASIL A, QM

表3.2　ASIL 判定

危害度	遭遇確率	回避度		
		C1	C2	C3
S1	E1	QM	QM	QM
	E2	QM	QM	QM
	E3	QM	QM	ASIL A
	E4	QM	ASIL A	ASIL B
S2	E1	QM	QM	QM
	E2	QM	QM	ASIL A
	E3	QM	ASIL A	ASIL B
	E4	ASIL A	ASIL B	ASIL C
S3	E1	QM	QM	ASIL A
	E2	QM	ASIL A	ASIL B
	E3	ASIL A	ASIL B	ASIL C
	E4	ASIL B	ASIL C	ASIL D

---

[1] 電気自動車の充電システムのように停止時に作動する電子システムであれば，運転時はもちろんのこと，停止時にもリスクが顕在化する可能性があるので，「運転」とはせずに「稼働」とした．

に分類される．QM（quality matter）は，安全性の観点では対処する必要はないが，品質課題（顧客迷惑度の観点）としてフェイルセーフの手厚さを考慮すべきであり，何もしなくてよいというわけではないので，注意が必要である．

[2] 機能安全コンセプト，システム設計，ハード・ソフト設計

危険事象に至る電子システムの故障原因を洗い出し，各故障原因に対し，H&Rで決めたASILに応じて安全処置を検討する．そして，安全処置を構成する各部分にASILを割り付ける．各部分に割り付けられたASILを守りながら，ソフトとハードに分割する．

ハードウェアについては，ASILに応じて，素子の故障検出率を所定値以上にするように，ハード構成，故障診断を設計する．ソフトウェアについては，ASILに応じて，いろいろな実装のための方策を盛り込む．

このように，車載のバッテリシステムでは，その機能や使い方によって，バッテリシステムとしてのASILが決まる．システムとしてのASILから，バッテリコントローラにもASILが割り付けられ，バッテリマネジメントを行うコントローラは，このASILに応じてハード的にもソフト的にも，さまざまな方策を盛り込むことが求められる．

3.2 性能確保のための制御

本節では，性能確保のためのセルバランス制御と電池の状態推定について説明する．

3.2.1 セルバランス制御

セルを直列接続したときには，次のような問題が生じる可能性がある．組電池を構成するセルの自己放電量がばらついた場合，自己放電量が小さいため，すぐには問題は生じないが，長時間経過すると，徐々に各セルの電圧にばらつきが生じてくる．

図3.3に示すように，他のセルに比べて電圧が低下した場合，このまま放電すると，電圧が低下したセルが先に下限電圧に達し，これ以上の放電はセルの破損につなが

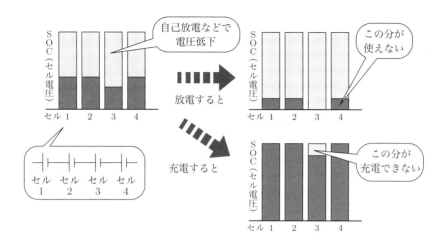

図3.3　セルを直列接続したときの問題点

るので放電を停止させる．他のセルは，まだ電圧が下限電圧まで低下しておらず，これらのセルに蓄電されているエネルギーは使うことができない．充電を行った場合は，電圧が低下していないセルの電圧が上限電圧に達し，充電を停止させるが，このとき電圧が低下したセルは満充電にはなっておらず，この部分は充電できない．そのまま使い続けると，自己放電によってセル間の電圧差が大きくなっていき，使用できる範囲が狭まってしまう．すなわち，容量が小さい電池になってしまう．これを防止し，各セルが持つ容量を使い切れるようにするために，セル間の電圧を合わせるのが，**セルバランス制御**（cell balance control）である．

現在使用されているセルバランス制御の主流は，**パッシブセルバランス制御**（passive cell balance control）である．図3.4に，パッシブセルバランス制御で使うバラ

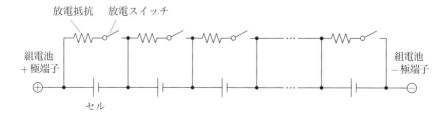

図3.4　パッシブセルバランス制御回路

ンス回路を示す．このバランス回路は，放電抵抗と放電スイッチによって構成されており，電圧が高いセルは放電抵抗で放電して電圧を下げ，他のセルと同じにする．自己放電量は非常に小さいため，セル間の電圧差が拡大する速度は非常に遅い．このため，放電電流は非常に小さく，ゆっくりとセルバランスするものが多い．したがって，電気自動車，ハイブリッド自動車用の容量の大きい電池でも，放電抵抗は定格電力が小さいものでよく，放電スイッチ（実際には，MOSFET（metal oxide semiconductor field effect transistor）が使われる場合が多い）も電流容量が小さいものでよい．

　パッシブセルバランス制御では，電気エネルギーを放電によって消費させ，各セルの電圧を合わせているが，この電気エネルギーを消費させずに，低い電圧のセルに充電して，電圧を合わせる方式を，**アクティブセルバランス制御**（active cell balance control）という．アクティブセルバランス制御には，電気エネルギーを，電圧の高いセルからいったん蓄積デバイスに移した後に，電圧の低いセルに移す方式と，トランスやDC/DCコンバータを介して直ちに移す方式がある．一時蓄積デバイスとしては，キャパシタやインダクタが使われる．

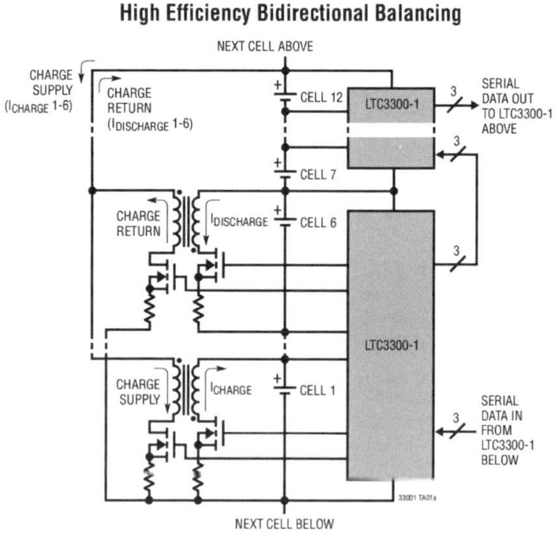

図3.5　アクティブセルバランス制御回路（図版提供：リニアテクノロジー社）

図3.5に，トランスを使用したアクティブセルバランスの回路を示す[2]．図では，CELL 6の電圧が高いためトランスに向かって放電し，CELL 1の電圧が低いためトランスから充電している．この図は制御ICを二つ使って12個のセルを直列接続した構成を示しているが，より多くのセルを直列接続する場合は，これと同じ構成を直列に増やすことでアクティブセルバランスが実現できる．このように，アクティブセルバランス制御は電気エネルギーを消費しないため，効率は良くなるが，セルバランス制御の回路がパッシブセルバランス制御に比べて高コストになるという課題がある．

3.2.2 電池の状態推定

二次電池を使った製品は，電池の残量がなくなり機能が停止して初めて充電するタイプが以前は多かった．そのような製品では，電池の残量がなくなってから充電しても，多少不便さを感じながらも，大きな問題は生じなかった．

しかしながら，最近では，スマートフォンやパソコンのように，使用中に電池の残量がなくなると，使用中のデータが消失するなど，大きな問題になる製品が多い．電気自動車では，走行中に電池の残量がなくなると，充電スタンドにすら行けなくなってしまうという問題が生じる．このため，電池の残量表示は必須である．

さらに，電気自動車では，走行可能距離は重要な表示内容である．また，電池の特性として，電池の残容量が少なくなっている状況では，大きな出力は出せなくなる．一方，満充電に近い状態では，充電受け入れ電力が小さくなるため，充放電を制限する．このように，電池を使いこなすためには，第1章で述べた充電率（SOC），健全度（SOH），充放電可能電力（SOPまたはSOF）の三つが非常に重要な情報になる．

SOCは，充電率を示すパラメータである．あくまでも電池容量に対してチャージが何%残っているかを示すもので，チャージの絶対量を示すものではない．SOHは健全度を示すパラメータであり，新品時の容量に対して，現在劣化で何%の容量になっているかを示す．ちなみに，残存しているチャージは，電池の新品時の容量とSOCとSOHの乗算で求められる．SOP（SOF）は，どれだけの電力を放電，または充電可能かを示すパラメータで，充放電可能電力はSOCやSOH，電池温度な

どによって異なるので，電池を過放電や過充電で壊さないために非常に重要なパラメータとなる．

しかしながら，これら三つのパラメータは，直接計測することができない．このため，電池の外部から観測可能な電圧と電流を用いて，三つのパラメータを「推定」することが重要になる．図3.6に示すように，見える情報から見えない情報を推定する必要がある．これらのパラメータの推定法については第6章で詳しく解説するが，以下では，特に重要なSOCの推定法の概略を述べておこう．

SOCの推定法として，最もよく知られている方法は，**電流積算法**である．この方法は，入出力電流を積分してSOCを推定する．この方法は積分を使っているため，初期値が必要である．また，電流センサの誤差を蓄積するため，長時間積分すると誤差が増大してしまう．このため，あらかじめ電池特性を計測して，いくつかの電池使用条件についておおよそのSOCを設定しておき，その使用条件になったときに，誤差をリセットする方法をとる．この初期値の設定とリセットは，この推定法で精度を確保するために重要であり，メーカー各社のノウハウになっている．

SOCを求めるもう一つの方法として，OCV (open circuit voltage) 推定に基づく方法がある．この方法は，図3.7に示すように，電池のSOCはOCVに1対1対応していることを利用する．すなわち，何らかの方法でOCVの値がわかれば，それよりSOCが計算できる．しかしながら，OCVは簡単には計測できない．電流

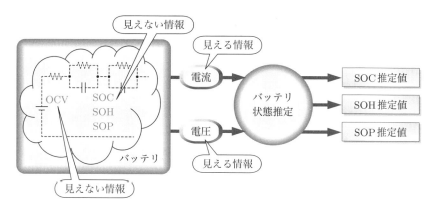

図3.6　見える情報から見えない情報を推定

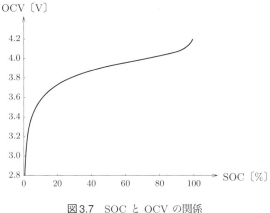

図3.7 SOCとOCVの関係

が流れていないときでも，電池端子電圧は必ずしもOCVに一致しない．なぜならば，充電あるいは放電直後は，電池内で反応が継続しており，時間とともに電池端子電圧が変化するからである．図3.8の電池の等価回路に示すように，コンデンサがあるため内部インピーダンスが時間とともに変化してしまう．よって，電池端子電圧を計測するだけではOCVはわからないので，コンデンサを含む電池の内部インピーダンスを等価回路として，それらをカルマンフィルタなどで推定し，端子電圧とOCVの電圧差（過電圧という）を計算し，OCVをリアルタイムで推定する方法がある[3]．

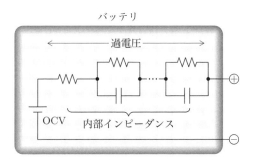

図3.8 電池の等価回路

3.3 電池寿命確保のための制御

本節では，熱発生メカニズムと電池寿命確保のための電池の冷却システムについて説明する．

3.3.1 電池の熱発生メカニズム

電池は，充放電によって発熱して高い温度になることで，寿命が極端に短くなったり，破損してしまったりすることがある．このため，使用法によっては冷却システムが必要になる．ここでは，電池の熱発生のメカニズムと，冷却システムについて解説する．

まず，電池の熱発生のメカニズムを説明する．電池の発熱量を Q_{in} とすると，これは，

$$Q_{\mathrm{in}} = T\Delta S \frac{1}{nF} + (\mathrm{OCV} - V)I \tag{3.2}$$

で表される．ここで，T は電池の温度〔K〕，ΔS はエントロピー変化〔J/K〕，n は電荷数，F はファラデー定数，OCV は開回路電圧〔V〕，V は電池端子電圧〔V〕，I は電池を流れる電流〔A〕である．式(3.2)の右辺第1項は電池反応熱を表し，右辺第2項はジュール発熱を表す．このように，電池の発熱量は電池反応熱とジュール発熱の和で表される[4]．

電池反応熱はエントロピーの増減によって発生するもので，エントロピー発熱とも言われる．ここで，イオン価数 n は，リチウムイオン電池では1である．ΔS はエントロピーの変化なので，放電ではエントロピーが増加し発熱するが，充電はエントロピーが減少し吸熱することになる．

ジュール発熱は，電池の起電力を示す開回路電圧（OCV）と電池の端子電圧の差に電流を乗じたものである．すなわち，電池の内部とセルから端子までを結ぶリード線やバスバー（電流を流すための金属板）の抵抗のような内部抵抗に起因する発熱である．一般に，電池反応熱はジュール発熱に比べて非常に小さく，無視できるレベルである．

さて，電池温度 T は，

$$T = \int_0^t \frac{Q_{\text{in}} - Q_{\text{out}}}{mc} dt \tag{3.3}$$

で表される．ここで，Q_{in} は電池の発熱量〔J〕，Q_{out} は電池の筐体からの放熱量〔J〕，m はバッテリの質量〔g〕，c はバッテリの比熱〔J/gK〕である．式 (3.3) から，Q_{in} と Q_{out} の差が，質量 m，比熱 c，すなわち熱容量 mc の電池温度 T を決めることがわかる．

パソコンやスマートフォンでは，充放電する電力が小さいため，発熱量 Q_{in} が小さい上，高温下の環境で使用する場合も少ない．電池の筐体からの放熱量 Q_{out} のほうが十分大きい場合が多く，特別な冷却システムは使用していないものが多い．

電気自動車に搭載されている電池では，その容量も質量も大きいので，熱容量 mc も大きい．充放電電力も，登り坂や高速道路の進入路，急速充電など，大きな電力を必要とする場面はあるが，長時間続くことは少ない．このため，パソコンやスマートフォンと同様に，発熱量 Q_{in} に対して筐体からの放熱量 Q_{out} が十分大きい場合が多く，冷却システムは使用していないものが多い．

これらとは違い，ハイブリッド自動車では，充放電電力は電気自動車とあまり変わらないが，電池容量と質量は，どちらも電気自動車より小さい．このため，熱容量 mc が小さくなり，発熱量 Q_{in} が筐体からの放熱量 Q_{out} を上回る場合が多く，冷却システムを持つものが多い．

3.3.2　電池の冷却システム

電池の冷却システムは，空冷と液冷の2種類に大別できる．

図 3.9 に空冷の冷却システムを示す．電池を空気で冷却できるように，空気が流れる通路を設け，電池冷却ファンによって空気流を発生させる．電池コントローラに入力された電池の温度に基づいて，電池冷却ファンは制御される．空冷の冷却システムは，構成は比較的簡単であるが，空気を冷媒に使用しているため，冷却能力に限界があり，また，空気路を確保するために筐体が大きくなる傾向がある．

電気自動車やハイブリッド自動車では，夏場に気温が高くなったときの冷却能力を上げるために，エアコンで冷却された車室内の空気を導入して冷却するものもある．なお，電池冷却ファンは，設置場所によってはその騒音に注意する必要がある．

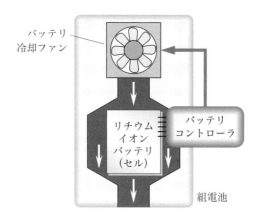

図3.9　空冷による冷却システム

　次に，液冷の冷却システムについて説明する．図3.10に液冷の冷却システムの構成を示す．これは，セルで発生した熱をクーリングプレート（cooling plate）で奪い，その熱を冷媒の水で熱交換器まで運び，空調システムに移して，空調システムにより外の空気に捨てるシステムである．バッテリコントローラは，セルの温度を計測して，冷媒の水の流量をウォーターポンプを用いて制御する．このシステムは，熱容量の大きい水を冷媒に使用するため，冷却能力が高く，小型に構成することができる．また，加温にも使用できる．気温が低下して電池の能力が低下しているとき，空調システムからの熱によって電池を加熱し，素早く電池の能力を回復させることも可能になる．しかしながら，液冷の冷却システムはシステム構成が複雑になり，コストも高くなる傾向がある．

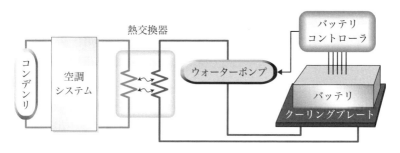

図3.10　液冷による冷却システム

3.4 リチウムイオン電池の充電方法

本節では,リチウムイオン電池の充電方法を,自動車に適用されている例を中心に説明する.

3.4.1 CCCV充電

リチウムイオン電池は過充電に非常に弱く,過充電が発生すると,故障したり寿命が極端に短くなったりする可能性がある.しかし,小さな電流で充電すると,過充電の可能性は低くなるが,充電時間が長くなってしまう.このため,リチウムイオン電池の充電方法には,短い充電時間と過充電抑制の両立が可能な**CCCV充電**が用いられる.

CCCV充電の時間変化の様子を図3.11に示す.図より,電池の端子電圧が低いときには定電流(constant current; CC)充電し,端子電圧がある程度上昇すると定電圧(constant voltage; CV)充電に切り替わり,充電電流が少なくなると充電終了となることがわかる.こうすることによって,過充電を起こさない充電が実現できる.

このCOCV充電は,充電の速度によって**普通充電**と**急速充電**に分けられる.普通充電は一般的に用いられている方法で,その充電時間は電池の容量によっても異な

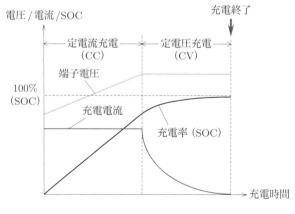

図3.11 CCCV充電

るが，電気自動車では数時間から十数時間である．急速充電は，電気自動車などが外出先において，インフラとして設置された専用充電器を使用して30分程度で充電する方法である．

電気自動車を例にとって，この二つの充電方法について説明しよう．

まず，**普通充電**は，基本的には車載の充電器によって行われる．電流は，家庭に設置されている100Vまたは200Vの商用電源から供給される．欧州では家庭用で400Vが設置されているところもあり，400Vから供給される場合もある．

図3.12に示すように，普通充電には3種類の接続方法がある．モード1は，車両

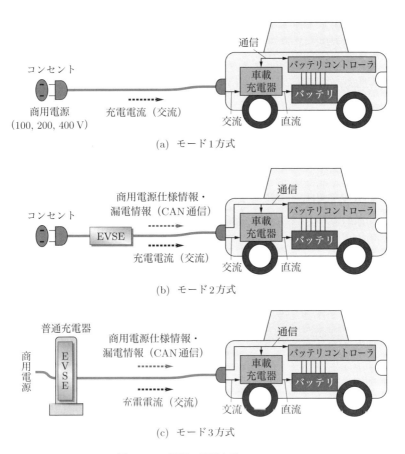

図3.12　3種類の普通充電システム

を直接コンセントに接続し，車載充電器により充電する接続方法である．モード 2 は，コンセントと車両を接続するケーブルの途中に EVSE（electric vehicle supply equipment; electric vehicle service equipment）という制御ユニットが入っており，商用電源側の仕様情報と漏電検知結果を多重通信規格である CAN（controller area network）通信によって車載充電器に送って，それらの情報をもとにして車載充電器が充電を制御する構成である．EVSE が付いた充電ケーブルは車に搭載して持ち運べるが，商用電源側の仕様が異なる地域（国）に出かけて充電する場合には，その地域（国）の仕様に合わせた EVSE が必要になる．モード 3 は，この EVSE がコンセントと合体して普通充電器として設置される接続方法である．

一般に，家庭の商用電源の配線は，最大電流が規定されている．このため，電流が同じでも電圧が高いほうが供給電力を大きくでき，充電時間は短くなる．日産の電気自動車 LEAF（バッテリ容量 24 kWh）では 100 V で約 28 時間，200 V で約 8 時間，三菱自動車の i-MiEV（バッテリ容量 16 kWh）では 100 V で約 21 時間，200 V で約 7 時間必要であり，いずれも 100 V では一晩で充電できないため，200 V を使用する場合が多い．欧州では 400 V が使用できるところもあり，その場合，普通充電の時間が短くなる．

次に，**急速充電**は，普通充電のモード 1～3 に対してモード 4 と呼ばれる．モード 4 では，図 3.13 に示すように，設置された急速充電器によって充電が行われる．このとき，車載充電器は使われない．急速充電器は特定の電気自動車だけではなく，さまざまな電気自動車（多様な電池容量や電池メーカー）に対して充電を行う必要がある．このため，急速充電器と車載のバッテリコントローラは CAN 通信で結ばれ，

図 3.13　急速充電システム（モード 4 方式）

急速充電器はバッテリコントローラからの充電許可信号や充電電流指令によって動作する．すなわち，電池の制約条件は車載側で対応するようになっており，汎用性が高いシステムになっている．

急速充電の電流・電圧のプロファイルは，普通充電と同様の CCCV 充電である．ただし，充電電流が非常に大きいため，図3.8の電池の等価回路の内部抵抗で生じる過電圧も大きくなる．そのため，SOC 100 % まで急速充電しようとすると，端子電圧が電池の上限電圧を超えてしまう．そこで，安全率を考慮してSOC 80 % まで充電する構成になっている．

図3.14は，そのイメージをビールを例にとって説明している．ビールをゆっくり注ぐと，あまり泡が立たない．そのため，ビールを多く入れることができる．急激に注ぐと，泡が多く立って注げるビールは減る．泡の部分が過電圧に当たり，泡の上端が電池端子電圧に当たる．このように，急速充電では，過電圧が大きくなるため，電池端子電圧が上限端子電圧に早く達してしまい，100 % までは充電できない．

なお，急速充電器の消費電力は 50 kW 程度になるため，一般家庭に設置されることは，ほとんどない．

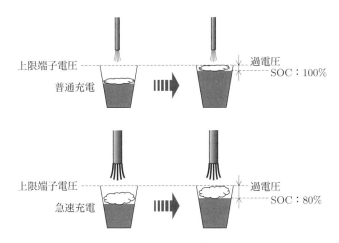

図3.14　充電における過電圧のイメージ

3.4.2 充電器の規格

　不特定多数の電気自動車に使用される急速充電器は，前述したように，さまざまな電気自動車やプラグインハイブリッド車（PHEV）[2]に対応する必要がある．そこで，充電コネクタや，急速充電器と車載のバッテリコントローラとの通信のプロトコル，充電開始から充電終了までのシーケンスなどを規格化して，どの車にも使用できるようにしなければならない．

　日本では，自動車会社や充電器メーカー，充電サービス提供会社などで構成されるCHAdeMO協議会による**CHAdeMO方式**[3]が標準規格となっている[5]．

　CHAdeMO方式には，充電コネクタや通信プロトコル，充電シーケンスのほかに，充電器の回路として次の4項目が定められている．

(1) 制御電源を独立とすることにより，主電源側で異常が発生しても装置全体の保護・計測機能が保たれること
(2) 直流系である車両側を非接地系とするための絶縁トランスを有すること
(3) 車両側の出力回路，外部配線，車両の地絡を検出する機能を有すること
(4) 充電器と車両のコネクタ接続部分に，接続が確実に行われるまでは充電を開始しない制御機能を有すること

　日本ではCHAdeMO方式が標準規格化されているが，表3.3にまとめているように，世界で見ると主な方式が三つある．すなわち，日本のCHAdeMO方式，中国の**GB/T国家推奨規格**，欧米の**COMBO**（combined charging system）**方式**である．

　COMBOは米国のCOMBO1と欧州のCOMBO2に分けられる．CHAdeMOとGB/Tは急速充電専用の規格で，急速充電専用のコネクタになる．COMBOは，その名のとおり急速充電と普通充電の兼用コネクタであり，急速充電と200 V普通充電の兼用が米国のCOMBO1，急速充電と400 V普通充電の兼用が欧州のCOMBO2である．

　急速充電器と車載バッテリコントローラとの通信プロトコルは，CHAdeMOと

---

[2]. 充電が可能で，短距離は電気自動車として走行し，電池の残量が少なくなるとハイブリッド車として走行する自動車のこと．
[3]. CHA：charge（充電），de：電気，MO：move（動く）．すなわち，CHAdeMOは「お茶でも飲んでいる間に充電できる」という意味も持つ．

表3.3 世界の充電方式

	CHAdeMO（日本）	GB/T（中国）	COMBO	
			COMBO1（米国）	COMBO2（欧州）
充電器側コネクタ				
車載側コネクタ				
通信プロトコル	CAN	CAN	PLC	PLC

GB/T は CAN であり，COMBO は PLC（power line communications）と呼ばれる，電源ラインに通信信号を重畳させて通信ラインを省略した通信方式である．

これらの充電方式は互換性がないため，このままでは，自動車メーカーはそれぞれの充電方式に対応した電気自動車を生産しなければならない．また，複数の充電方式が普及すると，使用できる急速充電器と使用できない急速充電器が混在することになるため，複数の充電方式に1台の急速充電器で対応できる兼用充電器も検討されている．

3.4.3 その他の充電方法

これまでに述べた充電方法以外の方法として，主にバックアップ用に使用されている充電方式であるフロート充電とトリクル充電がある[6]．

まず，図3.15に**フロート充電**（float charge）を示す．電流源から見ると，電池が負荷と並列に接続されている．通常時は，整流器から供給される電流によって負荷は駆動される．停電時に整流器からの電流供給が途絶すると，電池から電流が供給される．自動車の 12 V 系の電源では，このフロート充電方式が採用されている．エ

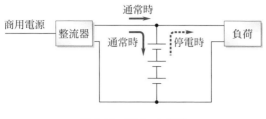

図3.15　フロート充電

ンジン始動時など，**オルタネータ**（交流発電機）が作動していないときは，電力は電池から供給され，エンジンが始動してオルタネータが作動すると，オルタネータから供給される．

次に，図3.16に**トリクル充電**（trickle charge）を示す．通常時，電池系統はスイッチによって切り離されており，停電時に接続され，負荷を駆動する構成である．フロート充電とトリクル充電とも，電池は常時整流器に接続されて充電状態にあり，ほぼ満充電状態に維持される．整流器の出力電圧を電池の限界電圧以下に設定してあれば，電池が充電されるとともに充電電流は低下し，自己放電などで減った分だけが充電されるようになる．

これらの充電方式は主に**無停電電源装置**（uninterruptible power supply; UPS）などで使用される．

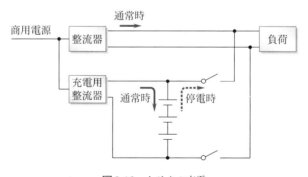

図3.16　トリクル充電

3.5 BMSの具体的な構成

3.5.1 モバイル機器のBMSの具体的な構成

スマートフォンやパソコンなどの情報機器や，充電式工具といったモバイル機器のバッテリマネジメントのために，簡単な外付け回路で電池の保護，充電，管理が実現できる小型のバッテリマネジメントICが市販されている．モバイル機器のBMSは，これらのICを使って構成されているものが多い．ここではこれらのICの機能について説明する．大きく分けると，電池充電機能と電池管理機能の二つである．

[1] 電池充電機能

電池の充電では，充電電流を変化させるために，充電電圧を可変にする必要がある．この充電電圧を作る方法は，リニアチャージ（linear charge）とスイッチングチャージ（switching charge）の二つに分けられる．

まず，**リニアチャージ**は，高い電圧から低い電圧を得るために電圧降下分を半導体素子に分配し，熱として放出することで充電電圧を生成する．この方法は，構成が簡単で低コストであるが，リニアレギュレータでの損失が大きいため，大電流での充電には向かない．また，充電電流は小さく充電時間も長くなり，リニアレギュレータを使用しているので，降圧しかできない．

次に，**スイッチングチャージ**は，充電電圧を作るのに，スイッチングレギュレータ（switching regulator）を使う方法である．スイッチングレギュレータには，二つのタイプがある．一つは，半導体素子をスイッチングして，入力電圧をベースにパルス幅変調（pulse width modulation; PWM）し，コイルとコンデンサで平滑して，入力電圧より低い電圧を作る降圧タイプ，もう一つは，パルス幅変調した電圧をインダクタに加えて，そのとき発生する入力電圧より高い逆起電力を使って，高い電圧を発生させる昇圧タイプである．この方法では，半導体素子で生じる電圧降下が少なく，可変電圧を作る際の損失が小さくなるので，充電電流を大きくすることができる．また，昇降圧のスイッチングレギュレータを使用すれば，入力電圧より高い電圧でも低い電圧でも充電ができる．

充電方法としては，3.4.1項で述べたCCCV充電が用いられるが，図3.17に示す

3.5 BMSの具体的な構成　93

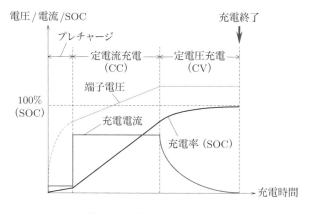

図3.17　プレチャージモード

ような，**プレチャージモード**が設定されている場合が多い．これにより，電池の充電率（SOC）が非常に低い場合，端子電圧も低くなる．電池が故障しても，同じように端子電圧が低くなる場合がある．故障した電池に充電を続けると発熱などの可能性があるため，これを区別するために，電池の端子電圧が設定値より低い場合には，小さな電流で充電を開始する．所定時間内に電圧が上昇してきたら，CC充電に移行する．このとき，電池としてはSOCが低かったということになる．電圧が上昇してこなかった場合には，電池の故障と判断して，充電を中止する．

図3.18 (a) に示すように，このような充電機能を持つICは，以前は専用の充電器に実装されており，専用充電器とアプリケーション機器がセットで扱われていた．これを専用充電器方式と呼ぶ．専用充電器方式では，ユーザーが間違って他の充電器で充電すると，故障する可能性がある．そこで，最近では，図3.18 (b) のように，

(a) 専用充電器方式　　　　　(b) 内蔵充電器方式

図3.18　バッテリ充電ICの実装

充電ICがアプリケーション機器に実装され，コネクタや電流・電圧の仕様さえ合えば，どのACアダプタと接続しても問題ないように構成されている例が多い．これを内蔵充電器方式と呼ぶ．内蔵充電器方式の場合，アプリケーション機器とパソコンなどがUSB（universal serial bus）端子を使ってデータをやりとりする際，データのやりとりと同時にUSBの電流出力を使って充電することができ，都合が良い．

[2] 電池管理機能

電池管理機能には，電池を保護する機能と，電池の充電率などを推定する機能がある．

電池を保護するICの機能としては，過充電防止と過放電防止がある．ICは，電池の端子電圧を検出して，所定値以上あるいは所定値以下になったことを検出して，充電または放電を止める信号を発生する．複数セルを直列に接続した電池に対応したICもある．このICは，セルごとに電圧をモニタし，一つでもセルが過充電あるいは過放電になったら，組電池全体の充放電を停止する．複数セルに対応したICでは，3.2.1項で述べたパッシブセルバランス制御機能を持つものもある．また，電池を交換できるアプリケーション機器も多いため，組電池とアプリケーション本体が通信し認証することによって，異種の電池が装着されたら作動させなくする機能を持つICも商品化されている．

バッテリの充電率（SOC）を推定するICでは，OCVで初期化して電流を積分するクーロンカウント法のものや，OCVと負荷投入時の端子電圧から，バッテリのインピーダンスを計測してSOCを推定するものなどが知られている．推定方法の詳細については，第6章で説明する．

3.5.2　自動車のBMSの具体的構成

自動車のうち，全面的あるいは補助的に電気を使って駆動する車，すなわちEV，HEV，PHEVなどで，BMSは使われている．自動車のBMSは，自動車全体のエネルギーマネジメントの一部を構成するため，まず，自動車のエネルギーマネジメントの構成を説明する．

例として，ハイブリッド自動車のエネルギーマネジメントの機能ブロックを図3.19

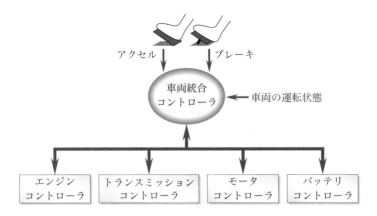

図 3.19　自動車のエネルギーマネジメント構成（日産 HEV の場合）

に示す．車両統合コントローラがドライバーの操作や車両の状態，各構成要素の状態に応じて，最適な運転（燃費も運転性も両立する）になるように，エンジンやトランスミッション，モータ，バッテリなどの構成要素のコントローラに指令を出し，各コントローラは，その指令を受けてそれぞれの構成要素を制御する構成となっている．

次に，車両統合コントローラの一部であるバッテリマネジメントを行うバッテリコントローラについて説明する．

図 3.20 に，HEV のバッテリコントローラの機能ブロックを示す．バッテリのセルごとの電圧のモニタリング，過充電・過放電の監視，セルバランス制御といった機能を持つ電子回路が，セル監視 IC という形で各セルに接続されている．セル監視 IC によって得られた情報は，CPU に送られる．なお，セル監視 IC は，複数のセルを同時にモニタできるようになっている．

しかしながら，セル監視 IC はバッテリの高電圧（60 V 以上）に接続されており，しかも，前述したように，この高圧電源のアースがボディに接続されていない．一方，CPU などは，マイナス端子がボディアースされた 12 V（または，12 V から作られた 5 V）の弱電系で動作している．このため，セル監視 IC と CPU を電気的に直接接続してデータを送ることはできない．そこで，電気的には絶縁された状態で光を使ってデータを伝えるフォトカプラや，絶縁トランスなどを介してデータが

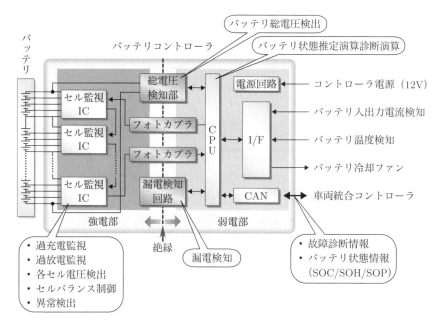

図3.20 バッテリコントローラの機能ブロック（日産 EV/HEV：カルソニックカンセイ製）

送られる構成となっている．また，このバッテリコントローラでは，弱電系側のボディアースと強電系の間の絶縁も計測されている．

CPUでは，セル監視ICから送られてくるデータをもとに，バッテリ状態（SOC, SOH, SOPなど）の推定演算とバッテリの診断演算を行う．CANを介して，これらの演算結果を車両統合コントローラなどの他のコントローラに送る．

このバッテリコントローラのバッテリマネジメント機能を簡潔に言うと，バッテリの状態の推定結果と使用可能範囲を車両統合コントローラに送ることである．使用可能範囲を受け取った車両統合コントローラは，その範囲でこのバッテリを使用して，エネルギーマネジメントを行うことになる．

図3.21に，日産 EV/HEV（カルソニックカンセイ製）のバッテリコントローラの回路基板の写真を示す．写真からわかるように，セル監視ICを中心とした強電系とCPUを中心とした弱電系の回路が，1枚の基板に共存している．

バッテリは，数個のセルで構成されるモジュールと，このモジュールが複数集合し

3.5 BMSの具体的な構成   97

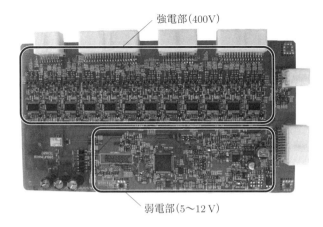

図3.21   バッテリコントローラ回路基板（日産 EV/HEV：カルソニックカンセイ製）

た組電池で構成されている．この構成を生かした別のタイプのバッテリコントローラもある．図3.20のようなタイプを集中型バッテリコントローラとすれば，このタイプは分散型バッテリコントローラと言える．図3.22にその構成を示す．このタイプは，セルの監視とセルバランス制御を行う部分として**セル監視ユニット**（cell monitor unit; CMU）をモジュールごとに設定し，CMUで収集したセルの情報を一つのバッ

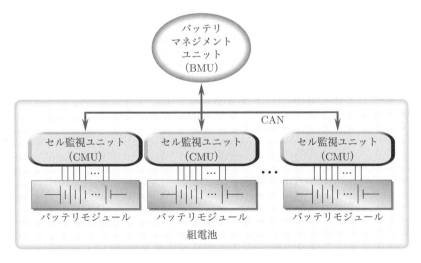

図3.22   分散型バッテリコントローラ

テリマネジメントユニット（battery management unit; BMU）に送って，バッテリ全体での状態推定・診断を行う．このタイプでは，バッテリの容量を変える際，BMU，CMU のコントローラハードウェアは共通に使うことができ，CMU を実装したモジュールの数を変えるだけで変更に対応できるという利点がある．

3.6 バッテリシステムの応用例

3.6.1 自動車

リチウムイオン電池は，電気自動車，ハイブリッド車，プラグインハイブリッド車などの電動自動車で使われている．減速時に集中的にオルタネータで発電して 12 V 系の電池に貯める減速回生システムにも使われている．

[1] 電気自動車（EV）

電気自動車とは，電池に貯められている電気エネルギーのみで走行する車である．動力を発生して車輪に伝えるパワートレイン（動力伝達系）の構成は，図3.23に示すように，非常に簡単である．航続距離を稼ぐため，大容量（数 10 kWh）で高電圧（100〜400 V 程度）の電池を使用している．図1.6で示した日産 LEAF では，二つ

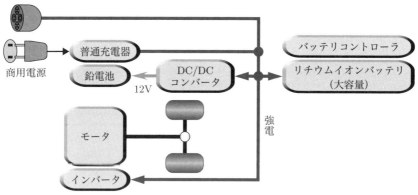

図3.23　EV のパワートレイン

のセルを並列接続したものを 96 組直列に接続して組電池を構成している．充電用としては，普通充電器（100/200 V，欧州では 400 V もある）が車載され，急速充電器と接続するためのコネクタが用意されている．

充電器によって電池に充電された電力をモータに供給して走行するのが基本的な電池の使い方であるが，航続距離を伸ばすため，モータを発電機として使ってブレーキの代わりをさせ，電力を電池に回収しながら減速する回生ブレーキ機能も備えている．このとき，従来からある油圧ブレーキと協調させて回生量を増やす，回生協調ブレーキを備える車もある．

[2] ハイブリッド車（HEV）

ハイブリッド車では，エンジン走行とモータ走行を使い分けることによって，燃費の向上を狙う．ハイブリッド車のパワートレインの構成を図3.24に示す．モータ走行時は大きい出力が必要になるが，長時間出力し続ける必要がないため，高電圧（強電 100〜400 V 程度）ではあるが，容量は 1 kWh 程度と小さいバッテリが使われている．

ハイブリッド車には，モータが1個のタイプや2個以上のタイプなど，さまざまな構成が存在する．また，エンジンとモータは，変速機やギア機構，クラッチなどで構成された動力伝達分配機構によって接続され，その組合せによってシリーズ HEV，パラレル HEV，シリーズ・パラレル HEV などさまざまなタイプの HEV がある．

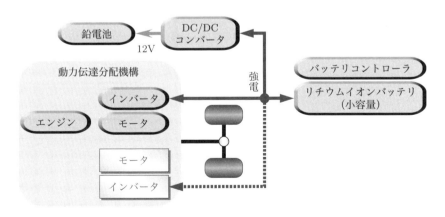

図3.24　HEV のパワートレイン

解説は本書では省略するが，たとえば文献[7]が参考になる．

バッテリには，EVと同様の回生ブレーキで回収した電力や，エンジンの効率が良いときに発電した電力を貯蔵する．発進時や低速走行時といったエンジンの効率の悪いときにはモータで走行し，高速走行時などエンジンの効率の良いときはエンジンで走行することによって，燃費を向上させる．急加速時などには，エンジンに加えてモータも利用して加速をアシストする機能を有しているものも多い．

[3] プラグインハイブリッド車（PHEV）

プラグインハイブリッド車は，近距離は EV として，遠距離は HEV として動作するシステムを持つ自動車である．図3.25に示すように，その構成は HEV とほぼ同様であるが，電池が EV として数十km 走行可能な容量（数 kWh）に拡大されており，商用電源から充電できる車載普通充電器を備えている．車によっては，急速充電用のコネクタが用意されているものもある．

基本的には充電器によって電池に充電された電力を使って，すなわち EV として走行し，バッテリの残量が少なくなると，エンジンとモータを使い分けて，すなわち HEV として走行する．EV や HEV と同様の回生ブレーキを備えている．

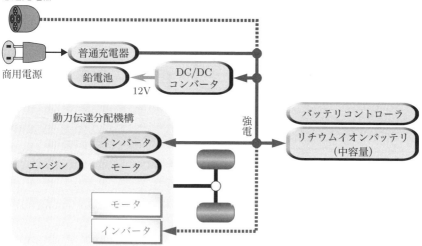

図3.25　PHEV のパワートレイン

[4] 減速回生システム

モータなどは使わず，エンジンとトランスミッションによって構成された従来型のパワートレインをもとにして，主に車の減速時にオルタネータを作動させて，減速エネルギーを回生し，鉛電池に充電して，その電力を車の電装品で使用するシステムである．減速時以外のオルタネータの発電をできるだけ減らして，エンジンの負荷を減らし，燃費を向上させる役割も果たす．鉛電池は減速時の回生のような急激な充電に対しては効率が悪いので，リチウムイオン電池を使って，効率良く充電するシステムも登場している．

減速回生で回収できる電力が大きくなってくると，車の電装品だけでは電力が余剰になる．このため，オルタネータを，発電機と駆動モータを兼ねた**スタータージェネレータ**（呼び名はISG（integrated starter generator），SSG（side-mounted starter generator）など，さまざまである）に変更し，アイドリングストップ時のエンジンの再始動や，発進・加速のアシストに利用し，さらに燃費を向上させるシステムも登場している．このシステムを，マイクロハイブリッドという場合もある．

図3.26にその構成を示す．減速時にスタータージェネレータで回生した電力は，充放電制御器によって，リチウムイオン電池または鉛電池に充電され，車の電装品で消費されるとともに，エンジンの再始動時や発進時・加速時にスタータージェネレータに供給され，エンジンをアシストする．

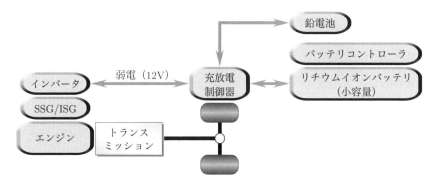

図3.26　減速回生システム

3.6.2　スマートハウス

近年，太陽光発電や電力を蓄積するための電池を備え，家庭での電気エネルギー消費を最適にするスマートハウスが増えている．図3.27に，スマートハウスの構成図の一例を示す[8]．

太陽電池や電池，家電製品は，HEMS (home energy management system) と呼ばれる制御システムによって制御される．その司令塔の役割を果たすのが，HEMS コントローラである．HEMS は，家電製品などの負荷や太陽電池による発電によって，電池への充電，電力会社からの買電，売電などを制御する．主な制御内容としては，電力のピークシフトを行うことが挙げられる．

図3.28に示すように，昼間太陽電池で発電した電力を，夜間家庭で消費することによって，電力会社からの買電を減らすための制御や，図3.29に示すように，安価

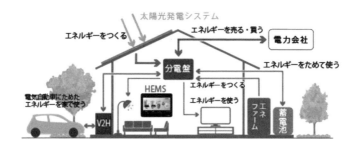

図3.27　スマートハウス（図版提供：住友林業(株)）

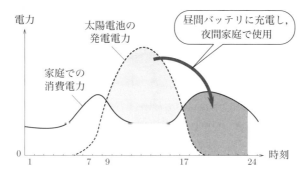

図3.28　ピークシフト（昼間発電・夜間使用）

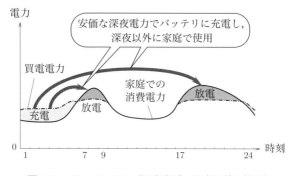

図3.29 ピークシフト（深夜充電・深夜以外に使用）

な深夜電力で電池に充電し，それ以外の時間に家庭で消費することによって，電力コストを下げるための制御を行う．

制御以外では，家庭での電力消費の「見える化」を行い，どの家庭用機器がどの程度電力を消費しているか，どこに電気エネルギーのむだがあるかを示してくれる機能もある．また，HEMS コントローラをインターネットに接続して，家庭での電力消費データをサーバに送って，省エネアドバイスを行うシステムもある．補助機能として，携帯電話やスマートフォンとインターネット経由で通信し，外出先で家庭用機器の作動状態をモニタしたり，作動を制御したりする機能を持つものもある．また，発電機器として，太陽電池以外に都市ガスを燃料として発電する燃料電池を備えたシステムもあり，HEMS の制御は難しくなるが，エネルギーコストのさらなる節約を実現している．

HEMS のほかに，ビルの電気エネルギーを制御する BEMS（building energy management system），工場の電気エネルギーを制御する FEMS（factory energy management system），地域の電気エネルギーを制御する CEMS（cluster energy management system; community energy management system）がある．対象は異なるが，制御の基本的な考え方は HEMS と同じである．

3.6.3 Vehicle to Home（V2H）

スマートハウスで使われるバッテリは数 kWh であるが，EV には数十 kWh，PHEV でも数 kWh のバッテリが搭載されている．したがって，EV や PHEV を自宅に駐

車しているときに，HEMSがそのバッテリをHEMS用のバッテリに代えて利用，あるいはHEMS用バッテリと併用することで，大容量のバッテリが接続されたHEMSになる．これによって，さらに省エネを促進するシステムとなる．

これまでのEV，PHEVと家との関係は，EV，PHEV側が充電するだけの一方的な関係であったが，このシステムでは，充電・放電の両方が必要になる．このように双方向にしたシステムを，V2H（vehicle to home）という[4]．従来の設置型の急速充電器や普通充電器は，充電の機能しか持たないため，そのまま使用することはできない．図3.30に，V2Hの構成図を示す．EV，PHEVとスマートハウスの間にV2Hスタンド（パワーコンディショナーともいう）を置き，充電および放電の双方向性を確保している．特に，家庭で使用されている交流電源は，電圧（100 V）と周波数（50または60 Hz）が厳密に管理されているため，EV，PHEVから家側に電力を送るこのV2Hスタンドには，電圧，周波数を乱さないように送り込む機能が備えられている．

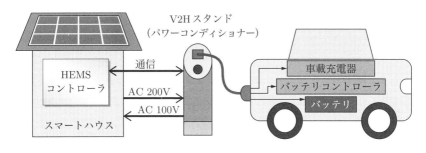

図3.30　V2H（vehicle to home）

参考文献

[1] 電気自動車及び電気式ハイブリッド自動車の高電圧からの乗車人員の保護に関する技術基準，道路運送車両の保安基準の細目を定める告示【2009.10.24】別添110
（URL：www.mlit.go.jp/jidosha/kijyun/saimokubetten/saibet_110_00.pdf）

---

[4] vehicle to heim と呼ぶ場合もある．

[2] LTC3300-1 High Efficiency Bidirectional Multicell Battery Balancer, LINEAR Technology Data Sheet
（URL：www.linear-tech.co.jp/product/LTC3300-1）
[3] 枝本・馬場・寺西・板橋・長村・丸田・足立：HEV/EV 向け電池の充電率推定，CALSONIC KANSEI TECHNICAL REVIEW，Vol.10，pp.13–17 (2013)
（URL：www.calsonickansei.co.jp/company/technology/pdf/vol.10/p13_17.pdf）
[4] 大島・中山・福田・荒木・恩田：小型リチウムイオン二次電池の急速充放電時の発熱挙動，電気学会論文誌 B，Vol.124，No.12，pp.1521–1527 (2004)
[5] 電気自動車用急速充電器の設置・運用に関する手引書，Rev.3.3，CHAdeMO 協議会 (2014.3)
[6] 市村・堀江・高野：通信用二次電池の充電方法，NTT Building Technology Institute (1999)
（URL：www.ntt-fsoken.co.jp/research/pdf/1999_ichi.pdf）
[7] 廣田・小笠原・船渡・三原・出口・初田：電気自動車工学 EV 設計とシステムインテグレーションの基礎，森北出版 (2010)
[8] 住友林業ホームページ
（URL：sfc.jp/ie/lineup/smart/point3.html）

第4章 電池のためのシステム工学

　これまで述べてきたように，バッテリマネジメントシステムを構成するためには，二次電池の充電率（SOC）や健全度（SOH）を知る必要がある．しかし，これらを直接観測することはできないので，何らかの方法で推定しなければならない．そこで，本書では電池を，入力を電流，出力を電圧とする物理化学的なシステムと見なして，充電率や健全度はその内部状態と考え，システム工学の立場から解析する方法について述べる．

　本書の前半（第1～3章）では，主に物理化学的な立場から電池を調べてきたが，後半（第4～6章）では，システム工学の立場から電池にアプローチする．

　まず，本章では，一般的なシステム工学の基礎，具体的には，システム同定（system identification）に基づくモデリングと，カルマンフィルタ（Kalman filter）による状態推定を簡単にまとめる．引き続いて，第5章では，電池の物理化学的な法則と観測可能な入出力データを用いて，電池をシステムと見なして具体的にモデリングする方法を与える．さらに，第6章では，システムの内部状態である充電率を推定する方法をまとめる．特に，カルマンフィルタを用いて充電率を推定する方法について詳しく述べる．

4.1　システム工学のあらまし

　システム工学の核をなすのは，対象のダイナミクス（動特性）を記述する数学モデル（たとえば，伝達関数や状態方程式など）[1]である．

　たとえばロボットのようなメカニカルシステムを解析・制御する場合，ひとたび制御対象のモデルを手に入れれば，対象の数学モデルに基づく**モデルベースト制御**（model-based control; MBC）を適用することによって，コントローラを標準的な方

法で系統的に設計することができる．MBCの例としては，1960年代以降に提案されたアドバンスト制御理論（現代制御[2]，ロバスト制御[3]，モデル予測制御[4]など）が挙げられる．一方，産業界で幅広く利用されているPID（比例・積分・微分）制御に代表される古典制御[1]では，現場のオペレータの経験と勘に頼った試行錯誤によってコントローラを設計しているが，MBCを用いることによって試行錯誤の過程を削減することができ，それによって設計者の技量への依存が少ない設計が可能になる．

それと同時に，対象のモデルを用いることによって，センサで観測できない物理量（状態量とも呼ばれる）を，たとえばカルマンフィルタ[5]によって推定することもできる．さらに，どのようなときに対象を制御できるのか（これを可制御性という），そして，どのようなときに状態を観測できるのか（これを可観測性という）といった疑問にも理論的に答えることができる[2]．

本章では，システム工学の理論のうち，バッテリマネジメントシステムにおいて特に有用な部分である，システム同定に基づくモデリングと，カルマンフィルタによる状態推定を簡単にまとめる．

また，本書で取り扱うリチウムイオン電池のモデリングと充電率推定という具体的な例を用いて，工学と技術における**物理の世界**（本書では，自然界など現実の世界をこのように呼ぶ）と**情報の世界**（本書では，紙と鉛筆や計算機などの上に存在する仮想的な世界をこのように呼ぶ）の関係の重要性を述べる．さらに，物理と情報を結ぶ重要な技術であるモデリングや制御の役割についても強調したい．

4.2　システムのモデリング

モデリングとは，対象のモデルを構築することである．「モデル」という言葉を聞いたとき，どのようなものを連想するだろうか？　おそらく「プラモデル」や「ファッションモデル」を思い浮かべるだろう．そこで，プラモデルを例にとって，本物とモデルの関係について考えよう．

たとえば，自動車のプラモデルを作るとき，プラモデルの自動車は本物の自動車と比べて，材質も違うし，大きさも違うし，動力源も違うだろう．その一方で，プラモデルの形や色は本物と同じである．このように，プラモデルの自動車は，本物の持

つ特徴のうちで，形や色に焦点を合わせたモデルになっている．重要な点は，ここで考えているモデルは，本物の持つ特徴のうちで，モデリングを行う人が着目する点が一致していればよいということであり，本物の完全なコピーを作ることがモデリングの目的ではない．すなわち，モデルには本物を記述していない部分が必ず含まれていること（これをモデルの不確かさという）を認識しておくことが，モデリングにおいて最も重要なポイントの一つである．

システム工学においては，対象とするシステムの動的な振る舞いを特徴づけるモデルを構築することをモデリングといい，本節の目的は「電池状態推定のためのモデリング」について解説することである．

4.2.1 数学モデルの構築法

対象とするシステムや，モデル構築の目的に応じてさまざまなモデリング法が存在するが，モデルとして数学モデルを用いるのか，図的モデルを用いるのかによって大分類することができる．

数学モデル（mathematical model）[1]とは，代数方程式，微分方程式，差分方程式，伝達関数，状態方程式，論理式などのような数学的な表現を用いて，システムの振る舞いを記述したものである．一方，**図的モデル**（graphical model）とは，システムを構成する要素の接続や，システム内の情報伝達経路などを，グラフを用いて図的に表現したものであり，ブロック線図，ボード線図，信号フロー線図，ボンドグラフなどが有名である．

本書では，対象の数学モデルが重要になるので，以下では数学モデルを構築するモデリング法を中心に述べる．数学モデルを構築する方法は，次の三つに分類できる[6]．

(1) **第一原理モデリング**（first principle modeling）
(2) **システム同定**（system identification）
(3) **グレーボックスモデリング**（grey-box modeling）

以下では，これらの方法について順に説明する．

---

[1]. 数式モデル，数理モデルなどと呼ばれることもある．

4.2.2　第一原理モデリング

　第一原理モデリングは対象の構造が完全に既知である場合のモデリング法であり，対象を支配する第一原理（科学法則）（たとえば，運動方程式，回路方程式，電磁界方程式，さまざまな保存則，化学反応式など）に基づいてモデリングを行う．この方法は，現象に基づくモデリングであり，**ホワイトボックスモデリング**とも呼ばれる．ここで，ホワイトボックスとは，「中が見える箱」という意味で，対象システムを「白い箱」と見なす．なお，対象が物理システムの場合には**物理モデリング**と呼ばれ，この名称のほうが一般的に用いられている．この方法を適用するためには，対象の構造や物理パラメータがすべて既知，あるいは観測可能でなければならない．

　代表的な物理法則と化学法則を以下に列挙しておこう．

(1) **力学システム**：エネルギー保存則，ニュートンの運動の第2法則（並進運動，回転運動），ラグランジュの方程式，レイリーの散逸関数，ハミルトンの方程式など
(2) **電気・磁気システム**：オームの法則，キルヒホッフの電流則・電圧則，マクスウェルの方程式など
(3) **流体システム**：連続の式，オイラーの運動方程式，ベルヌーイの方程式など
(4) **音響システム**：キルヒホッフ＝ヘルムホルツの積分定理など
(5) **化学反応システム**：連続の式（物質平衡式），エネルギー平衡の式，化学反応式など

4.2.3　システム同定

　システム同定は，対象の実験データに基づくモデリング法である．この方法は対象を「ブラックボックス」（black-box）と見なし，その入出力データから主に統計的な方法でモデルを構築するものであり，**ブラックボックスモデリング**とも呼ばれる．

　対象が従う物理法則が複雑な場合には，入出力データに基づくモデリング法であるシステム同定の出番になる．たとえば，電気自動車（EV）を考えた場合，駆動部分であるモータは電気回路と回転運動の方程式に支配されるため，第一原理モデリングを適用することができる．一方，エネルギー源である電池は，複雑な物理化学法則に支配されており，それらを用いてモデリングを行うと非常に複雑なモデルに

なってしまい，第2章で述べたように，それを制御系設計や状態推定に用いることは一般に困難である．そのため，本書が対象とする電池のモデリングを第一原理モデリングで行うことは非現実的であり，システム同定が必要となる．システム同定の詳細については，4.4節で説明する．

4.2.4　グレーボックスモデリング：物理と情報の融合

上で述べた第一原理モデリングとシステム同定には，それぞれ長所と問題点がある．

まず，情報の利用という観点から見ると，第一原理モデリングに必要とされるのは対象が従う物理法則に関する直接的な知見であり，利用できる観測値（データ）は物理定数などと直接的に関連するものに限られる．一方，現在では，高速，大容量の計算機や高精度なセンサが低価格で入手できる．また，データを伝送する高速通信ネットワークも整備されてきた．そのため，さまざまな分野に**大量データ**が遍在しており，次の点が課題となっている．

> ✤ Point 4.1 ✤　科学が解決すべき課題
> 大量データの中からいかにして意味のある情報，あるいは，何らかの法則を抽出するか

しかし，第一原理モデリングにおいて有効に活用できるデータの種類は限られており，大量のデータがあったとしても，モデルの改善に利用することは難しい．この点においてデータ量がモデルの品質に直結するシステム同定は，魅力的なアプローチとなる．

次に，対象システムの物理を反映するという観点からシステム同定を見る．システム同定は対象が従う物理法則に関する知見を必要としないモデリング法であり，このような知見が得られない場合でもモデルを構築することができる点は，一つの長所である．しかし，対象が従う物理法則がまったくわからないことは稀であり，いくつかの「モデルにおいても成り立つことが期待される自明な法則」が存在する場合が多い．たとえば，質量やエネルギー，運動量などに関する各種の保存則は，細部が未知のシステムにおいても成立することが期待される．また，電池のモデルにお

いても，SOCは外部からの電荷の流入なしに増加しないといったことが期待されるだろう．第一原理モデリングでは，これらの重要な法則に従うようにモデルを構築することができるが，観測雑音を含んだデータからシステム同定によって得られたモデルは，このような法則に従うことは一般に保証されず，物理的に不自然な挙動を持ちうる．

これらの長短を踏まえると，第一原理モデリング（ホワイトボックスモデリング）で用いられるような知見を利用しつつ，システム同定（ブラックボックスモデリング）によってモデリングを行うアプローチ，すなわち**グレーボックスモデリング**の必要性が理解される．実際に現場で用いられ，成功を収めているモデリング法のほとんどは，グレーボックスモデリングであろう．

このように，モデリングにおいても，第一原理モデリングという**物理の世界**だけでなく，実際に対象のビッグデータを収集するという**情報の世界**が重要になってきた．物理と情報の両面が揃って初めて精度良く対象を記述する「使える」モデルが構築できる．

物理と情報の両面を結び付けるものが，「モデリング」や「制御」のようなシステム工学である．開発の現場でも，モノ（物理）やデータ（情報）を単体で使うのではなく，システム工学的なセンスをもって両者をうまく融合し，使いこなすことが成功への近道であろう．本書のメインテーマである電池のモデリングと状態推定問題は，まさにその典型的な例である．

4.3　システムの記述

モデリングにおいて，モデルとなるシステムをどのように記述するかは重要な問題である．本節では，主に線形システムを対象として，そのシステムを記述するさまざまな方法を紹介する．

4.3.1　微分方程式によるシステムの記述

図4.1に示すRLC回路を考える．この回路において，印加した電圧を$v(t)$，回路を流れる電流を$i(t)$とすると，キルヒホッフの電圧則（第2法則）より，

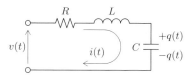

図 4.1 RLC 回路

$$L\frac{\mathrm{d}i(t)}{\mathrm{d}t} + Ri(t) + \frac{1}{C}\int i(t)\mathrm{d}t = v(t) \tag{4.1}$$

が得られる．ただし，R は抵抗，L はコイルのインダクタンス，C はコンデンサのキャパシタンスである．

式 (4.1) は微分と積分が混在した方程式なので，取り扱いが難しい．そこで，コンデンサの両端の電荷 $q(t)$ とすると，これは，

$$i(t) = \frac{\mathrm{d}q(t)}{\mathrm{d}t} \tag{4.2}$$

を満たす．式 (4.2) を用いると，式 (4.1) は 2 階微分方程式

$$L\frac{\mathrm{d}^2 q(t)}{\mathrm{d}t^2} + R\frac{\mathrm{d}q(t)}{\mathrm{d}t} + \frac{1}{C}q(t) = v(t) \tag{4.3}$$

になる．ここで，電圧 $v(t)$ を RLC 回路への入力，電荷 $q(t)$ を出力と見なすと，この微分方程式は回路という線形システムを記述する．**時間領域**（time-domain）においてシステムを記述する代表的な方法が，この微分方程式による記述である．

同様にして，力学系の代表例であるバネ・マス・ダンパ系と呼ばれる質点の運動も，2 階微分方程式

$$M\frac{\mathrm{d}^2 y(t)}{\mathrm{d}t^2} + C\frac{\mathrm{d}y(t)}{\mathrm{d}t} + Ky(t) = f(t) \tag{4.4}$$

で記述できる．ただし，$y(t)$ は時刻 t における質点の位置であり，$f(t)$ は質点に印加した力である．また，M は質点の質量，C はダンパの粘性摩擦係数，K はバネのバネ定数である．ここで，力 $f(t)$ を力学系への入力，位置 $y(t)$ を出力と見なすことができる．

図 4.2 に示す電気回路や力学系のような線形システムの振る舞いは，微分方程式によって記述できる．このとき，システムは**ダイナミクス**を持つという．このダイナ

図4.2 電気回路や力学をシステムとして見る

ミクスを利用することによって，システムの内部状態を推定したり，システムの未来の振る舞いを予測することが可能になる．

4.3.2 伝達関数によるシステムの記述

微分方程式 (4.3) および式 (4.2) の両辺を，各変数の $t = 0$ における初期値を0とおいて**ラプラス変換**すると，電圧から電流までの**伝達関数**（transfer function）は，

$$G(s) = \frac{Q(s)}{V(s)} \cdot \frac{I(s)}{Q(s)} = \frac{1}{Ls^2 + Rs + \frac{1}{C}} \cdot s = \frac{s}{Ls^2 + Rs + \frac{1}{C}} \tag{4.5}$$

となる[2]．ただし，$v(t), q(t), i(t)$ のラプラス変換をそれぞれ $V(s), Q(s), I(s)$ とおいた．以下でも同様に，小文字で書かれた時間領域の信号について，そのラプラス変換を対応する大文字で表記する．また，s は複素数であり，

$$s = \sigma + j\omega$$

と表される．ここで，$j = \sqrt{-1}$ は虚数単位であり，σ は実部，ω は虚部である．ω は周波数〔rad/s〕の意味を持つ．この複素平面（これは，s 平面と呼ばれる）上で定義される伝達関数によってシステムの性質を考えることができる．特に，伝達関数の分母多項式がゼロとなる s の値，すなわち，式 (4.5) の RLC 回路の伝達関数では，

$$Ls^2 + Rs + \frac{1}{C} = 0$$

の二つの根を**極**（pole）と呼ぶ．s 平面における極の位置によって，システムの安定性や過渡特性を知ることができる．

---

[2]. ラプラス変換に詳しくない読者は，ここで用いているラプラス変換は，微分演算を s を乗ずる代数演算に置き換えるものであると考えてよい．

同様にして，力学系を記述する微分方程式 (4.4) をラプラス変換すると，

$$H(s) = \frac{Y(s)}{F(s)} = \frac{1}{Ms^2 + Cs + K} \tag{4.6}$$

が得られる．

これらの表現は，図 4.3 に示すような**ブロック線図**によって描くことができる．ブロック線図は，システム工学における必須ツールである．ここで重要な点は，微分方程式を用いて記述されたシステムをラプラス変換することによって，代数演算（特に乗算）で記述できるようにしたことである．

このような伝達関数を用いたシステムの表現は，s 領域（あるいは，ラプラス領域）におけるシステムの記述であると呼ばれる．PID 制御に代表される古典制御は，この伝達関数表現を用いて対象を記述する．

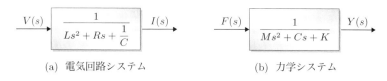

(a) 電気回路システム (b) 力学システム

図 4.3　伝達関数を用いたシステムの表現

4.3.3　周波数伝達関数によるシステムの記述

前項で説明した伝達関数 $G(s)$ は，s の複素関数である．特に $s = j\omega$，すなわち s 平面の虚軸（これは，周波数軸とも呼ばれる）上の伝達関数 $G(j\omega)$ を**周波数伝達関数**（frequency transfer function）と呼ぶ．もちろん $G(j\omega)$ は周波数 ω の複素関数となるため，大きさと位相を持つ．そこで，$|G(j\omega)|$ を**ゲイン特性**（あるいは，振幅特性），$\angle G(j\omega)$ を**位相特性**と呼び，これらを**周波数特性**と総称する．

周波数伝達関数は，線形システムを規定する**周波数応答**の原理に基づくものであるので，線形システムに対してのみ利用できる．

システムの伝達関数 $G(s)$ が既知であれば，$s = j\omega$ を伝達関数に代入することにより，周波数伝達関数 $G(j\omega)$ を容易に計算することができる．しかし，システムの周波数特性は，通常，図的に表現されていることが多く，その代表例が次に与えるボード線図とナイキスト線図である．

[1] ボード線図

まず，**ボード線図**（Bode diagram）とは，ゲイン特性をデシベル表示したもの，すなわち，

$$g(\omega) = 20 \log_{10} |G(j\omega)| \quad [\text{dB}]$$

と位相特性 $\angle G(j\omega)$ を，それぞれ周波数 ω の関数として 2 枚のグラフに描いたものである．一例として，2 次遅れ系

$$G(s) = \frac{1}{s^2 + s + 1} \tag{4.7}$$

のボード線図を図 4.4 に示す．ここで，横軸の周波数は対数軸であり，横軸において 10 倍の間隔を 1 **デカード**（decade）という．上図をゲイン線図，下図を位相線図という．ゲイン線図は両対数グラフであることに注意しよう．

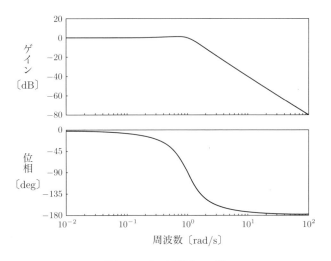

図 4.4　ボード線図の一例

[2] ナイキスト線図

次に，**ナイキスト線図**（Nyquist diagram）とは，周波数伝達関数 $G(j\omega)$ の実部を横軸，虚部を縦軸として直交座標系にプロットし，周波数を 0（あるいは $-\infty$）から $+\infty$ まで変化させて描いた軌跡のことである．電気回路などの分野では，**ベクトル軌跡**（vector locus）と呼ばれることもある．

例として，図4.5に式(4.7)のナイキスト線図を示す．ナイキスト線図は，フィードバック系（負帰還増幅器）の安定性の判別法として有名な**ナイキストの安定判別法**において利用される．

電池を取り扱う電気化学の分野でも，**複素インピーダンス軌跡**をプロットした図面が用いられることが多く，その代表例が**コール・コールプロット**（Cole-Cole plot）である．2.2.1項で示した複素インピーダンス軌跡を図4.6に再掲する．この場合，複素平面の縦軸は $-\mathrm{Im}(G(j\omega))$ のように符号が逆転していることに注意しよう[3]．

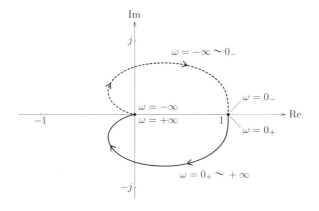

図4.5　ナイキスト線図の一例

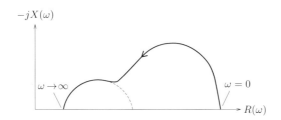

図4.6　複素インピーダンス軌跡（ナイキスト線図）

---

[3] 図面を第1象限に配置するために，このように虚軸の符号を逆転したのだろう．

4.3.4 システムの状態空間表現

本項では，カルマンによって提案された現代制御理論におけるシステムの表現である状態空間表現について説明しよう．

[1] 1入力1出力線形システムの状態空間表現

式 (4.4) の微分方程式で記述されたバネ・マス・ダンパ系を例にとって，システムの状態空間表現を導出しよう．

位置 $y(t)$ とその微分値である速度 $dy(t)/dt$ を二つの**状態変数** (state variable) に選び，これらを $x_1(t)$, $x_2(t)$ とおく．すなわち，

$$x_1(t) = y(t) \tag{4.8}$$

$$x_2(t) = \frac{dx_1(t)}{dt} = \frac{dy(t)}{dt} \tag{4.9}$$

として，式 (4.8), (4.9) をそれぞれさらに時間微分すると，

$$\frac{dx_1(t)}{dt} = x_2(t) \tag{4.10}$$

$$\frac{dx_2(t)}{dt} = \frac{d^2y(t)}{dt^2} = \frac{1}{M}\left(f(t) - C\frac{dy(t)}{dt} - Ky(t)\right)$$

$$= \frac{1}{M}(u(t) - Cx_2(t) - Kx_1(t)) \tag{4.11}$$

が得られる．ここで，式 (4.4) を用いた．また，入力を $u(t) = f(t)$ とおいた．

行列とベクトルを利用すると，式 (4.10), (4.11) は，次のように簡潔に表現できる．

$$\frac{d}{dt}\begin{bmatrix} x_1(t) \\ x_2(t) \end{bmatrix} = \begin{bmatrix} 0 & 1 \\ -\frac{K}{M} & -\frac{C}{M} \end{bmatrix} \begin{bmatrix} x_1(t) \\ x_2(t) \end{bmatrix} + \begin{bmatrix} 0 \\ \frac{1}{M} \end{bmatrix} u(t) \tag{4.12}$$

また，出力 $y(t)$ は次式のように表現できる．

$$y(t) = \begin{bmatrix} 1 & 0 \end{bmatrix} \begin{bmatrix} x_1(t) \\ x_2(t) \end{bmatrix} \tag{4.13}$$

力学系の例では状態変数として位置と速度を選んだが，一般に状態変数とは，ある時刻の出力を求めるために必要なその時刻以前のシステムの履歴に関する情報を持つ量であると定義される．

さて，式 (4.4) のシステムにおいて，入力 $f(t)$ から出力 $y(t)$ までの伝達関数は，

$$G(s) = \frac{1}{Ms^2 + Cs + K}$$

であるので，このシステムは2次系である．この例より，2次系を状態空間表現するためには，最低二つの状態が必要になることがわかる．

式 (4.12)，(4.13) の力学系の例を一般化すると，次の Point 4.2 が得られる．

❖ Point 4.2 ❖　状態空間表現

入力が $u(t)$，出力が $y(t)$ である1入力1出力（single-input, single-output; SISO）線形システム（n 次系とする）は，次式のように状態空間表現できる．

$$\frac{\mathrm{d}}{\mathrm{d}t}\boldsymbol{x}(t) = \boldsymbol{A}\boldsymbol{x}(t) + \boldsymbol{b}u(t) \tag{4.14}$$

$$y(t) = \boldsymbol{c}^\top \boldsymbol{x}(t) + du(t) \tag{4.15}$$

ここで，$\boldsymbol{x}(t)$ は n 次元状態ベクトルと呼ばれる．また，$\boldsymbol{A}$ は $n \times n$ 行列，$\boldsymbol{b}, \boldsymbol{c}$ は n 次元列ベクトル，d はスカラであり，直達項を表す．さらに，$^\top$ は行列の転置を表す．

このとき，式 (4.14) を**状態方程式** (state equation)，式 (4.15) を**出力方程式** (output equation) といい，両者をあわせて**状態空間表現** (state-space description) という．

【注意】　本書では，行列は $\boldsymbol{A}$ のように大文字の太字で表記し，ベクトルは列ベクトルとし，$\boldsymbol{b}$ のように小文字の太字で表記する．

n 次系は本来 n 階微分方程式で記述されるが，n 次元状態ベクトルを導入することによって，式 (4.14) の1階の行列微分方程式（すなわち1次系）に変換された点が重要である．

状態変数を用いたシステムの表現を図 4.7 に示す（図では直達項は無視した）．これまでは入力 $u(t)$ と出力 $y(t)$ の直接的な関係，すなわち，入出力関係を考えてきたが，状態空間表現では，まず入力 $u(t)$ から状態変数 $\boldsymbol{x}(t)$ へ，次に状態変数 $\boldsymbol{x}(t)$ から出力 $y(t)$ へと，2段階に分けて考えているところが異なっている．1960年にカルマンによって，入出力に次ぐ第3の量である状態変数が導入されたことによって，制御工学は大きく進展した．

図 4.7 状態変数を用いたシステムの表現

バネ・マス・ダンパ系の例では，状態変数として，その第 1 要素に「位置」，第 2 要素に「速度」を選んだ．しかし，第 1 要素に「速度」，第 2 要素に「位置」を選ぶことも可能であり，そのとき，状態方程式を構成する A, b, c は，もとのものとは異なる．このように，同じシステムを表現する場合でも状態空間表現はさまざまな表現が可能である．そのため，状態変数の物理的意味や，状態方程式の数値的な安定性などを考慮して状態変数を選定することができる．

一方，伝達関数などの入出力関係は一意的に定まり，

$$G(s) = \frac{Y(s)}{U(s)} = d + \boldsymbol{c}^\top (s\boldsymbol{I} - \boldsymbol{A})^{-1} \boldsymbol{b} \tag{4.16}$$

より計算できる．

式 (4.12), (4.13) と式 (4.14), (4.15) をそれぞれ比較すると，次式が得られる．

$$\boldsymbol{A} = \begin{bmatrix} 0 & 1 \\ -\dfrac{K}{M} & -\dfrac{C}{M} \end{bmatrix}, \quad \boldsymbol{b} = \begin{bmatrix} 0 \\ \dfrac{1}{M} \end{bmatrix}, \quad \boldsymbol{c} = \begin{bmatrix} 1 \\ 0 \end{bmatrix}, \quad d = 0$$

この例では $d = 0$ となったが，伝達関数が厳密にプロパー (strictly proper) な場合には $d = 0$ となり，伝達関数がバイプロパー (biproper) な場合には d は 0 以外の値を持つ[4]．

以上で述べたバネ・マス・ダンパ系の例では，システムへの入力は「力」であり，出力は質点の「位置」である．一方，状態変数は，質点の「位置」と「速度」の二つである．したがって，1 入力 1 出力 2 状態システムである．

---

[4] 伝達関数の分母多項式の次数が，分子多項式の次数よりも大きいとき，厳密にプロパーと呼ばれる．また，両者の次数が等しいとき，バイプロパーと呼ばれる．

本書では説明しないが，カルマンが創始した現代制御理論では，状態変数を用いた状態フィードバック制御（state feedback control）が利用される．その際，観測できない状態（この場合には速度）を知る必要がある．このとき用いられるのが，状態観測器（オブザーバ），あるいはカルマンフィルタである．カルマンフィルタについては4.5節で述べる．

さて，図4.1に示した RLC 回路について再び考えよう．この回路を流れる電流 $i(t)$ とコンデンサの両端の電圧（$v_c(t)$ とする）を状態変数に選ぶと，

$$i(t) = C\frac{\mathrm{d}v_c(t)}{\mathrm{d}t} \tag{4.17}$$

$$L\frac{\mathrm{d}i(t)}{\mathrm{d}t} + Ri(t) + v_c(t) = v(t) \tag{4.18}$$

が成り立つ．これを書き直すと，

$$\frac{\mathrm{d}v_c(t)}{\mathrm{d}t} = \frac{1}{C}i(t) \tag{4.19}$$

$$\frac{\mathrm{d}i(t)}{\mathrm{d}t} = -\frac{1}{L}v_c(t) - \frac{R}{L}i(t) + -\frac{1}{L}v(t) \tag{4.20}$$

となる．いま，$x_1(t) = v_c(t)$，$x_2(t) = i(t)$，$u(t) = v(t)$，$y(t) = i(t)$ とおくと，次の状態空間表現が得られる．

$$\frac{\mathrm{d}}{\mathrm{d}t}\begin{bmatrix} x_1(t) \\ x_2(t) \end{bmatrix} = \begin{bmatrix} 0 & \frac{1}{C} \\ -\frac{1}{L} & -\frac{R}{L} \end{bmatrix}\begin{bmatrix} x_1(t) \\ x_2(t) \end{bmatrix} + \begin{bmatrix} 0 \\ \frac{1}{L} \end{bmatrix}u(t) \tag{4.21}$$

$$y(t) = \begin{bmatrix} 0 & 1 \end{bmatrix}\begin{bmatrix} x_1(t) \\ x_2(t) \end{bmatrix} \tag{4.22}$$

[2] 状態空間表現の拡張

まず，入力数が l，出力数が m の多入力多出力 (multi-input, multi-output; MIMO) 線形システムの状態空間表現は，次のように与えられる．

$$\frac{\mathrm{d}}{\mathrm{d}t}\boldsymbol{x}(t) = \boldsymbol{A}\boldsymbol{x}(t) + \boldsymbol{B}\boldsymbol{u}(t) \tag{4.23}$$

$$\boldsymbol{y}(t) = \boldsymbol{C}\boldsymbol{x}(t) + \boldsymbol{D}\boldsymbol{u}(t) \tag{4.24}$$

ただし，$\boldsymbol{A}$ は $n \times n$ 行列，$\boldsymbol{B}$ は $n \times l$ 行列，$\boldsymbol{C}$ は $m \times n$ 行列，$\boldsymbol{D}$ は $m \times l$ 行列である．

次に，多入力多出力非線形システムの状態空間表現は，次のように与えられる．

$$\frac{\mathrm{d}}{\mathrm{d}t}\boldsymbol{x}(t) = \boldsymbol{f}\left(\boldsymbol{x}(t),\,\boldsymbol{u}(t)\right) \tag{4.25}$$

$$\boldsymbol{y}(t) = \boldsymbol{h}\left(\boldsymbol{x}(t),\,\boldsymbol{u}(t)\right) \tag{4.26}$$

ただし，$\boldsymbol{f}(\cdot,\cdot)$ と $\boldsymbol{h}(\cdot,\cdot)$ はともに非線形ベクトル値関数である．

4.3.5　離散時間システムの表現

自然界に存在するシステム（物理現象）は基本的に連続時間で記述される．しかし，周期的にサンプリングされる入出力データを扱い，ディジタル計算機を用いた処理を行う際には，サンプリング周期を用いて離散化された信号に着目し，その関係を離散時間システムによって表現することが効果的である．以下では，離散化などの詳細な記述は与えずに，離散時間 LTI (linear time-invariant) システムのさまざまな表現を紹介する．

[1]　離散時間伝達関数

離散時間において，連続時間のラプラス変換に対応するものが z 変換[6] である．z 変換を用いると，**離散時間伝達関数**は次式で与えられる．

$$G(z) = \frac{Y(z)}{U(z)} \tag{4.27}$$

ただし，$U(z), Y(z)$ はそれぞれ $u(k), y(k)$ の z 変換であり，

$$U(z) = \sum_{k=0}^{\infty} u(k) z^{-k}, \qquad Y(z) = \sum_{k=0}^{\infty} y(k) z^{-k} \tag{4.28}$$

で与えられる．

一般に，離散時間 LTI システムは，線形定係数差分方程式

$$\begin{aligned} &y(k) + a_1 y(k-1) + \cdots + a_n y(k-n) \\ &= b_1 u(k-1) + b_2 u(k-2) + \cdots + b_m u(k-m) \end{aligned} \tag{4.29}$$

によって記述できる．式 (4.29) の両辺を各変数の初期値を 0 として z 変換すると，

$$\begin{aligned} &(1 + a_1 z^{-1} + \cdots + a_n z^{-n}) Y(z) \\ &= (b_1 z^{-1} + b_2 z^{-2} + \cdots + b_m z^{-m}) U(z) \end{aligned} \tag{4.30}$$

が得られる．これより，このシステムの離散時間伝達関数は

$$G(z) = \frac{Y(z)}{U(z)} = \frac{b_1 z^{-1} + b_2 z^{-2} + \cdots + b_m z^{-m}}{1 + a_1 z^{-1} + \cdots + a_n z^{-n}} \tag{4.31}$$

となる．

[2] 離散時間周波数伝達関数

離散時間LTIシステムの周波数伝達関数は，

$$G(e^{j\omega T_s}) = \frac{Y(e^{j\omega T_s})}{U(e^{j\omega T_s})} = \sum_{k=-\infty}^{\infty} g(k) e^{j\omega T_s} \tag{4.32}$$

で与えられる．ただし，$g(k)$ はシステムのインパルス応答であり，T_s は連続時間信号を等時間間隔でサンプリングする際の**サンプリング周期**である．離散時間周波数伝達関数は，離散時間伝達関数において，$z = e^{j\omega T_s}$ とおいたものに対応する．

[3] 離散時間状態空間表現

1入力1出力離散時間 LTI システムの状態空間表現は，

$$\bm{x}(k+1) = \bm{A}\bm{x}(k) + \bm{b}u(k) \tag{4.33}$$
$$y(k) = \bm{c}^\top \bm{x}(k) + du(k) \tag{4.34}$$

で与えられる．式 (4.33) は1次差分方程式であることに注意する．

このとき，離散時間状態方程式と伝達関数の間には，次の関係式が成り立つ．

$$G(z) = \bm{c}^\top (z\bm{I} - \bm{A})^{-1} \bm{b} + d \tag{4.35}$$

連続時間状態空間表現と同様に，多入力多出力システムに対する離散時間状態空間表現は，次のようになる．

$$\bm{x}(k+1) = \bm{A}\bm{x}(k) + \bm{B}\bm{u}(k) \tag{4.36}$$
$$\bm{y}(k) = \bm{C}\bm{x}(k) + \bm{D}\bm{u}(k) \tag{4.37}$$

また，多入力多出力非線形システムの状態空間表現は，次のようになる．

$$\bm{x}(k+1) = \bm{f}\left(\bm{x}(k), \bm{u}(k)\right) \tag{4.38}$$
$$\bm{y}(k) = \bm{h}\left(\bm{x}(k), \bm{u}(k)\right) \tag{4.39}$$

4.4 システム同定によるモデリング

第一原理のみに基づいて電池のモデリングを行うことは困難であり，データに基づいたモデル構築のアプローチ，すなわち**システム同定**が必要となる．そこで，本節ではシステム同定法を適用する流れを概観し，いくつかの基礎的な方法について説明する．なお，システム同定の詳細については，たとえば，文献[7]を参考にしていただきたい．

4.4.1 システム同定とは

> ❖ Point 4.3 ❖　システム同定とは
> 対象とする動的システム（プラント）の入出力データの観測値から，ある「目的」のもとで，対象と「同一である」，何らかの「数学モデル」を構築することをいう．

このとき，「目的」「同一である」「数学モデル」という三つの用語がキーワードになる．

まず大切なことは，何のためにシステム同定を行うかという「目的」である．主だった目的を列挙すると，制御系設計，状態推定，異常診断/故障検出などがある．このように，システム同定は最終目的でないことに注意する．本書では，この中で状態推定を目的としたシステム同定を取り扱う．

次に，identification（同定）の名の由来ともなっている，対象と「同一である」ことが重要である．一般にプラントと同一のモデルを作成することは不可能なので，制御系を構成する上で重要な特性がモデルに盛り込まれているとき，同一であると見なす．このとき，モデルに含まれなかった動特性は，モデルの不確かさと呼ばれる．

最後に，システム工学で用いられる「数学モデル」の代表例は，前節で述べた伝達関数，周波数伝達関数や状態空間表現などであり，どのような数学モデルを利用するかは，システム同定法とその使い道の双方に依存する．

システム同定には多くのノウハウが必要であり，必ずしも標準的な方法が確立されているわけではない．すなわち，システム同定を行う技術者の *art*（わざ）に頼る部分が残っているため，対象となるプラントやシステム同定の目的に応じて，さま

ざまなシステム同定法が存在する．

システム同定の基本的な手順を図4.8にまとめる．以下では，これらの手順の中で重要な部分について説明する．詳細については，たとえば文献[7]を参考にしていただきたい．

Step 1　同定実験の設計：ハードウェア，同定入力，サンプリング周期などの選定
Step 2　同定実験：同定対象の入出力データの収集
Step 3　入出力データの前処理
Step 4　構造同定：モデル構造の選定
　1. モデルの形：線形 vs. 非線形，集中 vs. 分布，連続 vs. 離散，1入力1出力 vs. 多入力多出力，ノンパラメトリック vs. パラメトリック　など
　2. パラメトリックモデル次数の決定
Step 5　システム同定法
　1. ノンパラメトリックモデル同定法：相関解析法，スペクトル解析法など
　2. パラメトリックモデル同定法
　　(1) パラメータ推定法：予測誤差法（最小二乗法など），補助変数法など
　　(2) 状態空間システムの実現法：部分空間法など
　　(3) 連続時間同定法
Step 6　モデルの妥当性の評価：得られたモデルの妥当性の検討
　1. 周波数領域，s または z 領域，時間領域
　2. 同定残差の白色性検定
　3. 同定モデルに基づいた補償器による閉ループ試験

図4.8　システム同定の基本的な手順

4.4.2　システム同定実験の設計と前処理

ここでは図4.8のStep 1とStep 3の一部について説明する．

[1] 同定入力の選定

システム同定では，入出力データをもとにしてモデルパラメータの推定を行う．直感的にも明らかなことであるが，パラメータの影響が出力に現れていない場合，システム同定は不可能である．したがって，同定入力を選定する際には，パラメータ

の影響が確実に出力に現れるような入力信号を選ぶことが重要である．

　線形システムに対しては，パラメータ推定が可能であるための必要条件を，より理論的に考えることが容易である．線形システムの同定における重要な条件として，「同定入力がさまざまな周波数成分（正弦波）を含んでいること」が挙げられる．これは入力信号の PE（persistently exciting）性の次数によって特徴づけられる．PE 性の次数は正の整数値をとり，一定値信号のとき 1，単一の周波数の正弦波では 2，n 個の正弦波の和のときは $2n$ の値をとる．この値はその入力信号によって推定可能なパラメータの数に対応しており，値が大きいほどシステム同定入力として望ましいと言える．

　次に，どのような周波数成分（すなわち，正弦波）を持つ同定入力が望ましいかという問題がある．対象システムの構造や特性が未知である場合，同定に適した周波数を特定することができないので，すべての周波数成分を含む白色性の同定入力を用いることが一つの有力な指針となる．白色性を持つ同定入力は無限の次数の PE 性を持ち，この観点からも望ましいものと言える．

　白色性を持つ信号にはさまざまなものがあるが，SN 比の観点から，同定入力は振幅が大きい信号であることが望ましい．入力の振幅に上下限がある場合，最大値と最小値の 2 値を交互にとる 2 値信号は，この点で優れている．システムが非線形性を持つ場合，入力信号の振幅に依存した挙動を捉えられなくなるので，振幅が一定の信号を使うことは危険であるが，対象システムが線形システムと見なせる場合，取り扱いの簡単さから，2 値信号が利用されることが多い．さまざまな疑似白色 2 値信号（pseudo random binary signal; PRBS）が存在するが，その中でシステム同定入力信号としては M 系列信号（M sequence）が最もよく知られている（図 4.9）．

　ただし，2 値信号は不連続な信号であり，入力信号の種類によっては印加が困難で

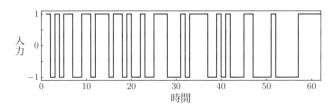

図 4.9　M 系列信号の例

あることに注意が必要である．たとえば入力信号が電流の場合，電流の切り替えには必ず遅れが発生し，高性能なアクチュエータでなければ2値信号を正確に印加することは難しい．連続性を持ち，同定に適した簡単な信号の例としては，正弦波掃引 (sine sweep) 信号が挙げられる．これは図4.10のように周波数が時間とともに変化する信号であり，各時刻における出力信号の振幅が各周波数におけるシステムのゲイン特性と対応することから，システムの周波数特性の概略を目視で読み取れる点でも有用である．たとえば，式 (4.7) の伝達関数で記述されるシステムに図4.10の信号を印加して得られる信号は図4.11のようであり，その包絡線は図4.4に見られるゲイン特性と対応していることがわかる．

このように，周波数成分を潤沢に含む白色性の信号，特にM系列信号を用いてシステム同定を行うことが望ましいが，同定入力の選定は同定対象，モデル，同定法など，さまざまな要因に依存する．実問題では，モデルを構築する「目的」を考慮し，その目的において重要なシステムの特性を十分に引き出せる入力信号を用いることが重要である．

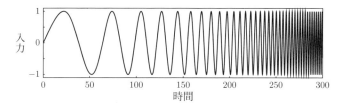

図4.10　正弦波掃引信号の例

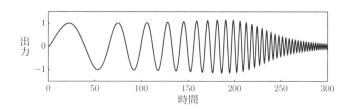

図4.11　正弦波掃引信号に対する応答の例

[2] サンプリング周期の選定

多くの場合，入出力データの収集は，ある一定の周期，すなわち**サンプリング周期**（T_s とする）で行われる．用いる計測機器によってサンプリングの速さには限界が存在し，得られるデータの品質とのトレードオフが存在する場合もある．また，離散時間モデルに基づいたシステム同定では，原則的に入出力データのサンプリング周期がモデルのステップ時間と一致している必要があり，サンプリング周期の選択によってモデルのステップ時間も決定される．離散時間モデルによってステップ時間よりも極端に長い時定数を持つ応答を再現すること，また，そのようなシステムを同定することは，数値的な問題を起こしやすいので，T_s の選択には注意が必要である．

離散時間モデルを用いる場合における経験的なサンプリング周期の選定法を，以下に与える．

- 同定対象のバンド幅の 10 倍程度のサンプリング周波数（$f_s = 1/T_s$）を用いる
- 同定対象のステップ応答の立ち上がり時間に 5〜8 サンプル点が入るくらいの間隔を T_s とする

[3] 入出力データの前処理

現実の入出力データには，通信エラーなどによる明らかに無意味なデータが含まれている場合があるが，人間の目には明らかな外れ値であっても同定アルゴリズムは特別な処理を行わない．このように，同定アルゴリズムが関知しない入出力データの欠陥については，適切な前処理を行わなければならない．時間領域と周波数領域におけるデータ前処理法を，以下に列挙する．

- 時間領域におけるデータの前処理：アウトライア（outlier）の除去，データの切り出し
- 周波数領域におけるデータの前処理：低周波外乱の除去，高周波外乱の除去，デシメーション（decimation）（粗いサンプリング周期に変換する信号処理）

4.4.3 離散時間システム同定法

図 4.8 で Step 3 まで終了すると，同定法を適用する入出力データが得られたことになる．続いて行うのは，モデル構造の選定と具体的なシステム同定の手順である．モデル構造の選択の幅は広いが，ここではまず，最も基本的な離散時間 LTI システムによるパラメトリックモデルを用いるケースについて，システム同定の具体的な手順を見ることにしよう．

[1] システム同定におけるモデル

まず，ここでモデルとして用いる離散時間 LTI システムについて説明する．雑音を考慮した離散時間 LTI システムの入出力関係は，次式で記述できる．

$$y(k) = G(q)u(k) + H(q)w(k) \tag{4.40}$$

ただし，$y(k)$ は出力，$u(k)$ は入力，$w(k)$ は白色雑音である．また，$G(q)$ はシフトオペレータ q（たとえば，$q^{-1}u(k) = u(k-1)$）で表されるシステムの伝達関数である[5]．

$$G(q) = \sum_{k=1}^{\infty} g(k) q^{-k} \tag{4.41}$$

ただし，$g(k)$ はシステムの**インパルス応答**（impulse response）である．

また，$H(q)$ は雑音モデルを表し，次式で与えられる．

$$H(q) = 1 + \sum_{k=1}^{\infty} h(k) q^{-k} \tag{4.42}$$

ただし，$h(k)$ は雑音モデルのインパルス応答を表す．式 (4.40) のブロック線図を図 4.12 に示す．

$G(q)$ と $H(q)$ を q の有理関数とし，その係数をパラメータとすると，さまざまな**パラメトリックモデル**（parametric model）が定義できる．以下では，その中で最もよく利用されている ARX モデルを紹介しよう．

---

[5] 数学的には，シフトオペレータ q と z 変換の z とは異なるが，本書では同じものであると理解しても問題ない．

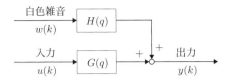

図4.12 線形システムの一般的な表現

差分方程式

$$
\begin{aligned}
& y(k) + a_1 y(k-1) + \cdots + a_n y(k-n) \\
& \quad = b_1 u(k-1) + \cdots + b_n u(k-n) + w(k)
\end{aligned}
\tag{4.43}
$$

によって記述されるモデルを，ARX モデル（auto-regressive with exogenous input model）という．

パラメータベクトルを，

$$\boldsymbol{\theta} = [\, a_1, \ldots, a_n,\, b_1, \ldots, b_n \,]^\top$$

とし，回帰ベクトルを

$$\boldsymbol{\varphi}(k) = [\, -y(k-1), \ldots, -y(k-n),\, u(k-1), \ldots, u(k-n) \,]^\top$$

と定義すると，出力 $y(k)$ は次式のように線形回帰モデルで表現できる．

$$y(k) = \boldsymbol{\theta}^\top \boldsymbol{\varphi}(k) + w(k) \tag{4.44}$$

さて，二つの多項式

$$
\begin{aligned}
A(q) &= 1 + a_1 q^{-1} + \cdots + a_n q^{-n} \\
B(q) &= b_1 q^{-1} + \cdots + b_n q^{-n}
\end{aligned}
$$

を導入すると，式 (4.43) は

$$A(q) y(k) = B(q) u(k) + w(k) \tag{4.45}$$

と書き直される．式 (4.45) より，ARX モデルは，式 (4.40) のシステムの伝達関数 $G(q)$ と雑音モデル $H(q)$ をそれぞれ次式のようにおくことに対応する．

$$G(q, \boldsymbol{\theta}) = \frac{B(q)}{A(q)}, \quad H(q, \boldsymbol{\theta}) = \frac{1}{A(q)} \tag{4.46}$$

[2] 予測誤差法に基づくパラメータ推定

　パラメトリックモデルに基づくシステム同定問題は，ひとたびモデル構造が決まれば，モデルに含まれるパラメータの推定問題に帰着する．ここではモデルパラメータ推定の基本的なアプローチである**予測誤差法**（prediction error method; PEM）と，最も基礎的な最適化手法である線形最小二乗法に基づくパラメータ推定について説明する．

　Point 4.3で述べたように，システム同定で構築する数学モデルは，対象と「同一である」ことが期待される．ARXモデルの出力は雑音$w(k)$に対する応答と入力$u(k)$に対する応答の和であるが，対象システムの出力との一致が期待されるのは入力$u(k)$に対する応答の部分であり，雑音$w(k)$に対する応答は対象システムとモデルとの違いを説明するための項である．そこで，対象システムの出力との一致が期待される部分，すなわち入力$u(k)$に対する応答のみに注目すると，式(4.44)は

$$y(k) = \boldsymbol{\theta}^\top \boldsymbol{\varphi}(k) \tag{4.47}$$

となる．回帰ベクトル$\boldsymbol{\varphi}(k)$が$k-1$ステップまでの入出力信号の値で構成されるベクトルであることに注意すると，$\boldsymbol{\theta}$と時刻$k-1$までの入出力信号観測値があれば，式(4.47)に基づいてkステップにおけるシステム出力$y(k)$を予測することができる．式(4.47)の右辺を計算して得られる予測値を一段先予測と呼ぶ．このとき，ある時刻kまでの観測値から$y(k)$と$\boldsymbol{\varphi}(k)$を構成し，

$$y(k) - \boldsymbol{\theta}^\top \boldsymbol{\varphi}(k) \tag{4.48}$$

を計算すれば，これはシステム出力の観測値$y(k)$と，パラメータ$\boldsymbol{\theta}$を持つモデルによる一段先予測値$\boldsymbol{\theta}^\top \boldsymbol{\varphi}(k)$との誤差，すなわち，予測誤差であると解釈することができる．モデルと対象システムが「同一である」度合いを，この予測誤差の大きさで評価し，予測誤差を最小化する$\boldsymbol{\theta}$を求めてモデルパラメータとするアプローチは自然であろう．このようなアプローチを一般に**予測誤差法**という．

　予測誤差の大きさを測る規範として最も基本的なものは二乗誤差であり，この場合

$$J(\boldsymbol{\theta}) = \frac{1}{N} \sum_{k=1}^{N} \{y(k) - \boldsymbol{\theta}^\top \boldsymbol{\varphi}(k)\}^2 \tag{4.49}$$

$$= c - 2\boldsymbol{\theta}^\top \boldsymbol{f} + \boldsymbol{\theta}^\top \boldsymbol{R} \boldsymbol{\theta} \tag{4.50}$$

を最小化することで$\boldsymbol{\theta}$を得る．ただし，

$$R = \frac{1}{N} \sum_{k=1}^{N} \varphi(k) \varphi^\top(k) \tag{4.51}$$

$$f = \frac{1}{N} \sum_{k=1}^{N} y(k) \varphi(k) \tag{4.52}$$

$$c = \frac{1}{N} \sum_{k=1}^{N} y^2(k) \tag{4.53}$$

とおいた．式 (4.50) のような二乗誤差を規範とするモデルパラメータの推定法を**最小二乗法**（least-squares method）という．

最小二乗法を採用する重要な理由の一つは，その最小化の容易さであり，それは $J(\boldsymbol{\theta})$ の $\boldsymbol{\theta}$ に関する微分が $\boldsymbol{\theta}$ の線形関数となることによる．実際，微分値は

$$\frac{\partial J}{\partial \boldsymbol{\theta}} = -2\boldsymbol{f} + 2\boldsymbol{R}\boldsymbol{\theta} \tag{4.54}$$

となり，あるモデルパラメータ $\hat{\boldsymbol{\theta}}$ が J を最小化するとき，$\hat{\boldsymbol{\theta}}$ に対して式 (4.54) の微分値は $\boldsymbol{0}$ でなければならないので，正規方程式

$$\boldsymbol{R}\hat{\boldsymbol{\theta}} = \boldsymbol{f} \tag{4.55}$$

が成り立つ．したがって，行列 $\boldsymbol{R}$ に逆行列が存在すれば，式 (4.55) を満たす $\hat{\boldsymbol{\theta}}$ は一意に決まり，この $\hat{\boldsymbol{\theta}}$ が $J(\boldsymbol{\theta})$ を最小化する．$\boldsymbol{R}$ に逆行列が存在するためには，同定入力が $2n$ 次の PE 性である必要があり，この点から PE 性の重要さが確認される．

さて，システムの次数に対してモデルの次数が過剰な場合，理想的な $\boldsymbol{\varphi}$ に基づいて計算される $\boldsymbol{R}$ は特異行列となる．実際には $\boldsymbol{\varphi}$ に含まれる雑音などによって $\boldsymbol{R}$ は完全には特異行列とならない場合が多いが，$\boldsymbol{R}$ が 0 に近い特異値を持つ場合には，モデル次数の選択に注意が必要である．

$\boldsymbol{R}$ が逆行列を持つとき，以下のように二乗誤差の意味で予測誤差を最小化するモデルパラメータの推定値 $\hat{\boldsymbol{\theta}}$ が得られる．

> ❖ Point 4.4 ❖　線形最小二乗法
>
> ARX モデルにおいて予測誤差の二乗和を最小化するモデルパラメータ推定値 $\hat{\boldsymbol{\theta}}$ は
>
> $$\hat{\boldsymbol{\theta}} = \boldsymbol{R}^{-1} \boldsymbol{f} \tag{4.56}$$
>
> で得られる．ただし，$\boldsymbol{R}$ と $\boldsymbol{f}$ はそれぞれ式 (4.51)，(4.52) で与えられる．

以上が予測誤差法と最小二乗法の概略である．予測誤差の最小化によってモデルパラメータを得るアプローチは直感的に受け入れやすいが，得られたパラメータの精度を評価するためには，モデルと対象システムとの誤差を説明する雑音 w を陽に考慮し，雑音の確率分布と得られる推定値 $\hat{\theta}$ との関係を解析する必要がある．本書では解析の過程についての説明を省略するが，雑音が正規性や白色性を持つとき，最小二乗法に基づく推定値の性能に理論的な裏付けを与えることができ，これは最小二乗法を採用する二つ目の重要な理由となっている．

一方，雑音が白色性でないとき，式 (4.47) によって得られる一段先予測において，予測に用いる回帰ベクトル φ が雑音を含む観測値によって構成されているために，最小二乗法によって得られる推定値はバイアスされたものになることが示される．このとき，データ数を無限に増やしても正しいモデルパラメータは得られず，雑音が無視できない大きさを持つ場合，これは深刻な問題となる．

このバイアスの発生を回避する一つの方法は，$G(q,\boldsymbol{\theta})$ の入力 u に対する応答を予測値として用いることである．この予測値は式 (4.47) に基づく一段先予測値とは異なり，$\boldsymbol{\theta}$ の線形関数とはならないが，システムの入力信号 u にのみ依存し，雑音 w と相関を持たない．この予測値に基づいた予測誤差の最小化は一段先予測値を用いる場合ほど容易ではないが，この最小化によりバイアスされていないモデルパラメータの推定値を得ることができる．また，この方法はモデルとなるシステムと実システムに同一の入力信号を印加し，出力間の誤差を最小化する方法であるので，特に**出力誤差法**（output error method; OE）とも呼ばれる．出力誤差法については，4.4.4 項で連続時間システム同定への適用を説明する．

以上で主に説明した一段先予測誤差の最小化に基づくパラメータ推定法や，出力誤差法は，いずれも予測誤差法の枠組みに入る方法であり，これら以外にもさまざまな予測誤差の最小化に基づくシステム同定法が提案されている．紙面の都合で詳細は説明できないが，表 4.1 にまとめておく．

4.4.4 連続時間システム同定法

システム同定では，等時間間隔でサンプリングされた観測値との整合性と，計算機での扱いの容易さから，離散時間モデルを用いたシステム同定法が主流であった[7]．

表4.1　予測誤差法の枠組みに基づく各種の同定法

同定法（モデル）	特　徴（◎は利点，×は問題点）
線形最小二乗法（ARX）	◎ 線形回帰モデルに基づく方法なので，逆行列演算で推定値が計算できる × 高周波帯域に重みがかかった同定法である × 式誤差が有色性の場合には推定値にバイアスが乗る
拡大最小二乗法（ARMAX）	◎ 式誤差が有色性であっても，システムの動特性を同定できる × 雑音モデルを準備する必要がある
補助変数を用いた 線形最小二乗法（ARX）	◎ 推定値が雑音によってバイアスされない × 入力と雑音とは独立でなければならないので，閉ループ同定実験データには適用できない
出力誤差法（OE）	◎ システムの動特性と雑音モデルを分離して同定できる ◎ 時間応答シミュレーションに適している ◎ 同定法は全帯域にわたって平坦な周波数特性を持っている × 非線形最適化計算を行う必要がある

しかし，対象の物理的特性を考慮する場合，連続時間モデルを用いたシステム同定法が望ましく，近年この同定法が注目されている[8]．本項では基本的な連続時間システム同定法の特徴と原理・手順について，MATLABコードを交えながら具体的に解説しよう．

4.4.3項で見たように，離散時間システムでは式誤差，すなわち一段先予測誤差に最小二乗法を適用することで，非線形最適化を用いることなくシステム同定を行うことが可能であった（表4.1）．これは，離散時間モデルの式が$y(k)$, $y(k-1)$, $y(k-2)$といった入出力信号とその時間遅れ信号の値に関する項で構成されており，観測値から式誤差の計算式を容易に得られるためである．

一方，連続時間システム同定において，モデル式はdy/dt, d^2y/dt^2のような出力信号の微分を含んでいることに注意しよう．雑音を含む信号の観測値からその微分を得ることは一般に困難な問題であり，雑音の影響を強く受けるために，連続時間システムにおいて式誤差の計算式を観測値から得ることは難しい．一方，出力予測値については，離散時間システムの場合と同様に計算が可能であるので，連続時間

システム同定で実用的な方法の多くは出力誤差法に分類される．ここでも，出力誤差法に基づいた方法について説明する．

[1] 入出力信号

まず，連続時間システム同定において用いる入出力信号の観測値について説明する．連続時間システム同定では連続時間のモデルを構築するが，現状の計測技術では，入出力信号の離散時刻におけるサンプル値しか得られない場合がほとんどである．ここでは，N個の時刻 t_k ($k = 1, 2, \ldots, N$) において入出力データのサンプル値が得られるものとしよう．

離散時間システム同定においては，入出力データのサンプリング周期がモデル式のステップ時間と一致している必要があり，サンプリング周期はモデルのステップ時間としても適切な長さでなければならない．一方，連続時間モデルは特定のサンプリング周期を前提としたものではなく，サンプル値の質が同等であれば，サンプル数が多いほど，すなわちサンプリング間隔が短いほど良い結果が得られる．これは，広い帯域に応答を持ち，適切なサンプリング周期を定めることが難しい電池システムなどを扱う上で，特に有用な性質である．また，連続時間システム同定では，不均等な時間間隔でサンプリングされたデータも自然に扱うことが可能である．近年は計測技術の高度化によって，所要時間に不確定性がある処理（たとえば，画像処理）を介して得られた不等時間間隔のデータや，高速なセンサを用いて得られたサンプリング周期が短いデータの効果的な利用が求められており，この点からも連続時間システム同定法の重要性は高まっている．

[2] システム同定におけるモデル

次に，ここで前提とするシステムとモデルの構造について説明する．ここでは対象システムを1入力1出力のLTIシステムとし，そのモデルが，パラメータ $\boldsymbol{\theta} = [\theta_1, \ldots, \theta_{n_\theta}]^\top$ を持つ伝達関数 $G(s, \boldsymbol{\theta})$ として与えられているものとする．この $G(s, \boldsymbol{\theta})$ はラプラス演算子 s の有理関数であり，その係数が $\boldsymbol{\theta}$ によって決定される．また，表記の簡単のために微分演算子を p とおき，伝達関数 $G(s, \boldsymbol{\theta})$ を持つシステムに信号 $u(t)$ を入力した際の出力信号を $G(p, \boldsymbol{\theta})u(t)$ と表記する．このとき，あるパラメータ推定値 $\hat{\boldsymbol{\theta}}$ に基づくモデル出力は

$$\hat{y}_{\hat{\boldsymbol{\theta}}}(t) = G(p, \hat{\boldsymbol{\theta}})u(t) \tag{4.57}$$

と書くことができる．

[3] 出力誤差法に基づくパラメータ推定

このとき，システム同定は，入出力データ $\{u(t_1), u(t_2), \ldots, u(t_N), y(t_1), y(t_2), \ldots, y(t_N)\}$ と，パラメトリックモデル $G(s, \boldsymbol{\theta})$ をもとにして，入出力データと適合するモデルのパラメータ $\hat{\boldsymbol{\theta}}$ を定めることに帰着される．出力誤差法のアプローチでは，実際の出力信号 $y(t)$ とモデルによる推定値との誤差を最小化する．ここでは，最小化の規範として最も基本的な二乗誤差を採用し，

$$J(\boldsymbol{\theta}) = \sum_{k=1}^{N} (y(t_k) - \hat{y}_{\boldsymbol{\theta}}(t_k))^2 \tag{4.58}$$

を最小化する $\boldsymbol{\theta}$ を求めて $\hat{\boldsymbol{\theta}}$ とすることにしよう．

式 (4.58) の $J(\boldsymbol{\theta})$ を最小化する $\boldsymbol{\theta}$ を求める問題は非線形最適化問題であり，反復法によって局所最適解を求めることができる．たとえば**ガウス＝ニュートン法**（Gauss-Newton method）を適用した場合，ℓ 回目の反復におけるパラメータ推定値を $\hat{\boldsymbol{\theta}}^{\ell} = \left[\hat{\theta}_1^{\ell}, \ldots, \hat{\theta}_{n_\theta}^{\ell}\right]^{\top}$ とおくと，$\hat{\boldsymbol{\theta}}^{\ell+1}$ は，

$$\hat{\boldsymbol{\theta}}^{\ell+1} = \hat{\boldsymbol{\theta}}^{\ell} + \boldsymbol{\delta}^{\ell} \tag{4.59}$$

$$\boldsymbol{\delta}^{\ell} = \left[\left(\hat{\boldsymbol{\Phi}}^{\ell}\right)^{\top} \hat{\boldsymbol{\Phi}}^{\ell}\right]^{-1} \left(\hat{\boldsymbol{\Phi}}^{\ell}\right)^{\top} \boldsymbol{E}^{\ell} \tag{4.60}$$

によって得られる．ただし，

$$\hat{\boldsymbol{\Phi}}^{\ell} = \begin{bmatrix} \hat{\boldsymbol{\varphi}}^{\top}(\hat{\boldsymbol{\theta}}^{\ell}, t_1) \\ \hat{\boldsymbol{\varphi}}^{\top}(\hat{\boldsymbol{\theta}}^{\ell}, t_2) \\ \vdots \\ \hat{\boldsymbol{\varphi}}^{\top}(\hat{\boldsymbol{\theta}}^{\ell}, t_N) \end{bmatrix} = \begin{bmatrix} \dfrac{\partial \hat{y}_{\hat{\boldsymbol{\theta}}^{\ell}}(t_1)}{\partial \hat{\theta}_1^{\ell}} & \dfrac{\partial \hat{y}_{\hat{\boldsymbol{\theta}}^{\ell}}(t_1)}{\partial \hat{\theta}_2^{\ell}} & \cdots & \dfrac{\partial \hat{y}_{\hat{\boldsymbol{\theta}}^{\ell}}(t_1)}{\partial \hat{\theta}_{n_\theta}^{\ell}} \\ \dfrac{\partial \hat{y}_{\hat{\boldsymbol{\theta}}^{\ell}}(t_2)}{\partial \hat{\theta}_1^{\ell}} & \dfrac{\partial \hat{y}_{\hat{\boldsymbol{\theta}}^{\ell}}(t_2)}{\partial \hat{\theta}_2^{\ell}} & \cdots & \dfrac{\partial \hat{y}_{\hat{\boldsymbol{\theta}}^{\ell}}(t_2)}{\partial \hat{\theta}_{n_\theta}^{\ell}} \\ \vdots & \vdots & \ddots & \vdots \\ \dfrac{\partial \hat{y}_{\hat{\boldsymbol{\theta}}^{\ell}}(t_N)}{\partial \hat{\theta}_1^{\ell}} & \dfrac{\partial \hat{y}_{\hat{\boldsymbol{\theta}}^{\ell}}(t_N)}{\partial \hat{\theta}_2^{\ell}} & \cdots & \dfrac{\partial \hat{y}_{\hat{\boldsymbol{\theta}}^{\ell}}(t_N)}{\partial \hat{\theta}_{n_\theta}^{\ell}} \end{bmatrix} \tag{4.61}$$

$$\boldsymbol{E}^\ell = \begin{bmatrix} y(t_1) - \hat{y}_{\hat{\boldsymbol{\theta}}^\ell}(t_1) \\ y(t_2) - \hat{y}_{\hat{\boldsymbol{\theta}}^\ell}(t_2) \\ \vdots \\ y(t_N) - \hat{y}_{\hat{\boldsymbol{\theta}}^\ell}(t_N) \end{bmatrix} \tag{4.62}$$

とおいた．反復の最初に与えるパラメータ推定値 $\hat{\boldsymbol{\theta}}^0$ が十分に正確であれば，この反復計算によって得られるパラメータ推定値は，式 (4.58) の J を最小化するが，実際に利用可能な $\hat{\boldsymbol{\theta}}^0$ はそれほど正確ではなく，ガウス＝ニュートン法は大域的な最適解とは異なる局所解に収束したり発散したりすることが多い．

この問題に対しては，SRIVC 法 (simplified refined instrumental variable method for continuous-time systems) のように連続時間システム同定に特化した方法を用いるアプローチや，レーベンバーグ＝マーカート法 (Levenberg-Marquardt method) のようにガウス＝ニュートン法よりロバストな汎用の最適化アルゴリズムを適用するアプローチが考えられる．本書では，非線形モデルなどへの応用も容易な，汎用の最適化アルゴリズムを用いたアプローチをとるが，連続時間システム同定に特化した方法についての詳細は，文献 [8] を参考にされたい．また，汎用的な最適化アルゴリズムと連続時間システム同定に特化したアルゴリズムの差異について興味のある読者は文献 [9] を参考にされたい．

[4] 数値例

ここで連続時間システム同定の例として，図 4.3 (b) のバネ・マス・ダンパ系のステップ応答からパラメータ $\boldsymbol{\theta} = [K, M, C]^\top$ を持つモデルを構築する例を考えよう．

ここではパラメータの真値を $\boldsymbol{\theta}_0 = [1, 1, 1]^\top$ と定め，システムの入出力関係が，モデル伝達関数

$$G(s, \boldsymbol{\theta}) = \frac{1}{Ms^2 + Cs + K} \tag{4.63}$$

を用いて，

$$y(t) = G(p, \boldsymbol{\theta}_0) u(t) + \eta(t) \tag{4.64}$$

と記述されるとする．ここで，$\eta(t)$ は観測雑音であり，$y(t)$ を観測する際に標準偏差 0.1 の**正規性白色雑音**（Gaussian white noise）が加わるものとする．ここでは，計

算機上で単位ステップ信号の入力 $u(t)$ をシステムに印加する実験を仮想的に行い，出力 $y(t)$ を 10 ms のサンプリング間隔で 10 秒間観測して入出力データを生成した．結果を図 4.13 に示す．図において，破線は雑音のないシステムの応答 $G(p, \boldsymbol{\theta}_0)u(t)$ を示し，薄いグレーの実線は雑音を含む観測データ $y(t)$ を示している．また，モデルの定義と仮想的な実験データの生成を行う MATLAB コードは，以下のようになる．

MATLAB List 4.1： 連続時間モデルの定義と仮想的な実験データの生成 [ex_ct_sysid.m]

```
%% モデルの定義（バネ・マス・ダンパ系）
% s: ラプラス演算子
s = tf('s');
% th: パラメータベクトル
K = @(th) th(1);      % バネ定数
M = @(th) th(2);      % 質量
C = @(th) th(3);      % 粘性摩擦係数
% G: パラメトリックモデル
G = @(th) 1/(M(th)*s^2 + C(th)*s + K(th));
% 入力信号の設定（ステップ入力）
ts = 0.01;            % サンプリング間隔
N  = 1000;            % サンプル数
t  = 0:ts:ts*(N-1);   % サンプリング時刻
u  = ones(size(t));   % 入力信号
```

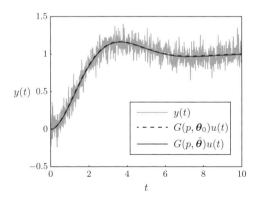

図 4.13 バネ・マス・ダンパ系の応答と連続時間システム同定の結果

```
% モデル出力
yhat = @(th) lsim(G(th),u,t);

%% 仮想的な実験データの生成
% th0: パラメータの真値（本来は未知）
th0 = [1,1,1]'
% 正規性白色雑音を含んだ計測信号を生成
y = yhat(th0) + 0.1*randn(N,1);
% 実験データの表示
figure(1), clf
plot(t,y,'Color',[0.6,0.6,0.6]), hold on
plot(t,yhat(th0),'r--','LineWidth',2)
xlabel('t'), ylabel('y'), legend('measured','no noise')
```

次に，入出力データから出力誤差法によってパラメータを求める．ここでは汎用的な最適化アルゴリズムの中でも比較的ロバスト性が高いレーベンバーグ＝マーカート法を用いた．なお，パラメータの初期推定値としては，$\hat{\boldsymbol{\theta}}^0 = \begin{bmatrix} 0.1 & 10 & 0.1 \end{bmatrix}^\top$ を与えた．

以上の準備のもとで得られたパラメータ推定値は

$$\hat{\boldsymbol{\theta}} = \begin{bmatrix} 1.0053 & 1.0343 & 1.0067 \end{bmatrix}^\top \tag{4.65}$$

であり，これはシステムのパラメータ $\boldsymbol{\theta}_0$ に近い．図4.13において，濃いグレーの実線は，このパラメータに基づくモデル $G(s, \hat{\boldsymbol{\theta}})$ の応答を示している．図から，得られたモデルがシステムの雑音を除いた応答を良く再現していることが確認できる．この手順を実際に行うMATLABコードを以下に示す．

MATLAB List 4.2：出力誤差法によるバネ・マス・ダンパ系の連続時間システム同定（List 4.1のつづき）

```
%% 出力誤差法による同定
thhat0 = [0.1, 10, 0.1]'; % 初期パラメータ推定値
thhat = lsqnonlin(...
        @(th) y-yhat(th), thhat0, [], [],...
        optimoptions(@lsqnonlin, 'Display', 'iter',...
          'Algorithm', 'levenberg-marquardt'))
% % 下記のコードはNelder-Mead法を利用する．
% % Optimization Toolbox がなくても動作するが遅い．
```

```
% thhat = fminsearch(...
%          @(th) sum((y-yhat(th.*thhat0)).^2), thhat0./thhat0,...
%          optimset('Display','iter')).*thhat0

%% 結果の出力
% Ghat: 得られたパラメータに基づくモデルの伝達関数
Ghat = G(thhat)
% 実験データに重ねてモデルの応答を表示
plot(t,lsim(Ghat,u,t),'b')
legend('measured','no noise','model')
```

このコードでは，MATLABのOptimization Toolboxに実装されているレーベンバーグ＝マーカート法を利用している．Optimization Toolboxが使用できない場合，fminsearch関数を利用して解くこともできるが，計算時間はやや長くなる．また，レーベンバーグ＝マーカート法は単純なアルゴリズムであり，MATLABコードを作成することも容易である．

4.4.5 モデルの選定と妥当性の検証

システム同定においてモデル構造の選択は重要な問題である．同定対象に関する物理的な情報をユーザーが正確に理解していれば，適切なモデル構造を選択することができる．しかしながら，事前情報が利用できない場合も多く，その場合は試行錯誤によってモデル構造を選定することになり，得られたモデルの妥当性を検証することが必要になる．

モデルを評価する上で，まず基本となるのは，与えられた同定用のデータに対するモデル予測誤差の大きさの評価である．対象システムの振る舞いを説明するために必要な自由度がモデルにない場合，この予測誤差は大きなものになる．しかし，次数を上げたり，より複雑な構造を持つモデルを用いることで，より予測誤差が小さいモデルを得られる可能性がある．

次に問題となるのは，過度に複雑なモデルが得られているケースである．この場合，モデルの一部は同定用のデータに含まれる雑音に適合しており，この部分は同定用データに対する予測誤差を小さくすることには寄与するものの，システムの構造を反映したものではなく，他のデータに対する予測誤差を大きくする．このとき，

モデルは**過剰適合**（overfitting）していると言われる．

過剰適合を検出する最も基本的で有用なアプローチは，検証用データを用いた**バリデーション**（validation）である．これは，システム同定に用いたデータとは別に検証用のデータを用意し，このデータに対するモデルの予測誤差の小ささによってモデルの妥当性を評価するものである．モデルを徐々に複雑にしていくとき，同定用データに対する予測誤差は一般に単調減少するが，モデルが同定用データに過剰適合したとき，検証用データに対する予測誤差は減少しない．このことに注意すれば，必要十分な複雑さを持つモデル構造を選択することが可能になる．

また，データを得るコストが高く，検証用と同定用に潤沢なデータを確保できない場合には，データをいくつかに分割し，互いを検証用として得られた結果を平均することですべてのデータを同定用として活用する**クロスバリデーション**（cross-validation）と呼ばれる方法もある．

4.5　カルマンフィルタによるシステムの状態推定

対象とするシステムを Point 4.2 で与えたように状態空間表現した場合，通常，観測できる出力の数より，状態の数のほうが多いので，すべての状態変数の値を観測することができない．たとえば，前述したバネ・マス・ダンパ系では，状態変数の一つである位置をセンサで観測できるが，もう一つの状態変数である速度は観測できないものと仮定した．そこで，本節では観測可能な入出力データから状態変数を推定する方法について簡単に解説する．

観測雑音などの雑音を考慮しない確定的な場合については，**オブザーバ**と呼ばれる状態観測器の理論が 1960 年代にルーエンバーガーらによって提案された．それに対して，カルマンフィルタは雑音を考慮した確率的な枠組みにおける状態推定法である．本節ではカルマンフィルタを紹介する．

バネ・マス・ダンパ系の例のように，位置が観測されているとき，それから速度を求める最も直接的な方法は，位置信号を微分（あるいは差分）することである．しかし，信号の微分操作は高域通過フィルタを通すことと同じなので，位置の観測データに雑音が含まれている場合には，まず，位置データを低域通過フィルタに通す必

要がある．通常，このフィルタの構造やカットオフ周波数の決定は，試行錯誤や経験に頼ることが多い．

カルマンフィルタでは，状態や雑音などが正規白色性であると仮定することによって，フィルタを試行錯誤に頼ることなく，系統的に最適設計することができる．また，この例のように，速度センサがなく，位置を特定するセンサしか搭載されていないときでも，その情報からソフトウェアで速度を推定することができる．そのため，カルマンフィルタは，通常のハードウェアのセンサではなく，**ソフトセンサ**と呼ばれることもある．モデルベース開発（model-based development; MBD）においても，カルマンフィルタによるソフトセンサは，重要な技術である．

本書では，主に，カルマンフィルタのアルゴリズムと MATLAB によるプログラム例を記述し，カルマンフィルタの導出や性質などの詳細については省略する．興味のある読者は，たとえば，文献 [5] を参考にしていただきたい．

4.5.1　線形カルマンフィルタ

カルマンフィルタの構成を図 4.14 に示す．カルマンフィルタでは，状態空間表現された対象システムのモデルと，対象システムの入出力データを用いて，状態推定値 $\hat{x}$ を逐次形式で時々刻々計算する．

ここで，離散時間線形状態方程式

$$x(k+1) = Ax(k) + Bu(k) + v(k) \tag{4.66}$$

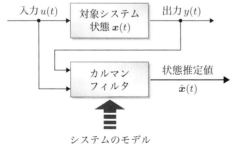

図 4.14　カルマンフィルタの構成

$$y(k) = Cx(k) + w(k) \tag{4.67}$$

で記述される多入力多出力線形システムについて考える．ただし，$k = 0, 1, 2, \ldots$ は離散時刻である．$u(k)$ は入力信号，$y(k)$ は出力信号，$x(k)$ は状態変数である．$v(k)$ はシステム雑音であり，平均値 0 で有限な共分散 $Q = \mathrm{E}\left[vv^\top\right]$ を持つ正規性白色雑音と仮定する．また，$w(k)$ は観測雑音であり，平均値 0 で有限な共分散 $R = \mathrm{E}\left[ww^\top\right]$ を持つ正規性白色雑音で，システム雑音とは独立であると仮定する．

以上の準備のもとで，システムを記述する状態方程式の係数 (A, B, C) と雑音の共分散行列 (Q, R) およびシステムの入出力データ $\{u(i), y(i) : i = 1, 2, \ldots, k\}$ が利用可能であるとしたとき，状態 $x(k)$ の平均二乗誤差

$$J(k) = \mathrm{E}\left[(x(k) - \hat{x}(k))^\top (x(k) - \hat{x}(k))\right] \tag{4.68}$$

の最小値を与える推定値 $\hat{x}(k)$，すなわち，**最小平均二乗誤差推定値**（minimum mean square error estimate; MMSEE）を見つけることを，カルマンフィルタリング問題と呼ぶ．

線形カルマンフィルタのアルゴリズムは，雑音などの正規性（ガウシアン）の仮定と，線形状態方程式により時間発展するという仮定がともに成り立つ場合，次の Point 4.5 にまとめられる．

❖ Point 4.5 ❖ 線形カルマンフィルタのアルゴリズム

◻ **初期値**

状態推定値の初期値 $\hat{x}(0)$ は，$N(x_0, \Sigma_0)$ に従う正規性確率ベクトルとする．すなわち，

$$\hat{x}(0) = \mathrm{E}[x(0)] = x_0 \tag{4.69}$$

$$P(0) = \mathrm{E}\left[(x(0) - \mathrm{E}[x(0)])(x(0) - \mathrm{E}[x(0)])^\top\right] = \Sigma_0 \tag{4.70}$$

とおく．また，システム雑音の共分散行列 Q と観測雑音の共分散行列 R を設定する．これらはカルマンフィルタの調整パラメータである．

◻ **時間更新式**

$k = 1, 2, \ldots, N$ に対して次式を計算する．

予測ステップ

事前状態推定値：$\hat{x}^-(k) = A\hat{x}(k-1) + Bu(k-1)$ (4.71)

事前誤差共分散行列：$P^-(k) = AP(k-1)A^\top + Q$ (4.72)

フィルタリングステップ

カルマンゲイン：$G(k) = \left(P^-(k)C^T\right)\left(CP^-(k)C^\top + R\right)^{-1}$ (4.73)

状態推定値：$\hat{x}(k) = \hat{x}^-(k) + G(k)(y(k) - C\hat{x}^-(k))$ (4.74)

事後誤差共分散行列：$P(k) = (I - G(k)C)P^-(k)$ (4.75)

線形カルマンフィルタでは，状態推定値 $\hat{x}(k)$ は正規分布に従う状態推定値の平均値（1次モーメント）であり，共分散行列は状態推定値の共分散（2次モーメント）である．正規分布は1次，2次モーメントがわかれば確率密度関数を規定できるので，この二つの量を逐次更新していけば必要十分である．また，正規分布を線形状態方程式によって線形変換しても，正規分布であることは保存されるので，状態推定値の正規性も保存される．

本書ではカルマンフィルタの導出や理論の詳細には触れないが，MATLABによる実装と数値例を通してカルマンフィルタの動作を確認しよう．

ここで考える対象システムは，1状態1出力を持ち，入力を持たないランダムウォークシステム（時系列）

$$x(k+1) = x(k) + v(k) \tag{4.76}$$

$$y(k) = x(k) + w(k) \tag{4.77}$$

とする．これは，対象システムのシステム行列を $A=1$，$C=1$ とおいたことに相当する．また，雑音の大きさを定めるパラメータを $Q=1$，$R=10^2$ とおく．このとき，x と y は図4.15のようになる．図から，x がランダムウォークしていることと，観測される y に強い観測雑音が含まれていることがわかる．カルマンフィルタを用いてこの観測値 y から得られた推定値 $\hat{x}$ も図4.15に示した．

カルマンフィルタは対象システムのダイナミクスに基づいて状態推定を行うため，$\hat{x}$ はもとのランダムウォークする状態変数 x と似た振る舞いを持つことが期待される．実際，図4.15で，これらの信号のランダムウォークの挙動は，よく似たものになっている．

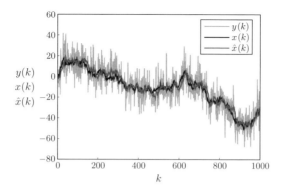

図4.15　カルマンフィルタによる状態推定の例

また，カルマンフィルタによる状態推定において，観測値は観測雑音の大きさを考慮した上で推定値に反映される．実際，図4.15において，$\hat{x}$は観測雑音を過剰に反映することなくxに追従していることが確認できる．ここで，観測雑音の大きさを過大評価していた場合，すなわち，真の観測雑音の大きさは$R = 10^2$であるものの，カルマンフィルタによる推定で用いる観測雑音の大きさが$R = 100^2$であった場合の推定結果を図4.16に示す．観測雑音を過大に評価しているために，観測値yの情報は推定値$\hat{x}$に速やかには反映されず，xに遅れて追従していることがわかる．実問題においては，システムのパラメータや雑音の特性について正確に事前情報が得られることは少ない．したがって，実システムとカルマンフィルタの設計に用いたモデ

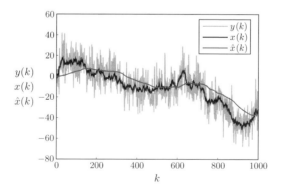

図4.16　カルマンフィルタによる状態推定の例（観測雑音を過剰に見積もっていた場合）

ルの間に相違があった場合に,推定値がどのように状態からずれるかを,このように把握しておくことは重要である.

上記のシミュレーションを行う MATLAB コードを,以下に示す.読者各自でさまざまなシミュレーションを試みて,カルマンフィルタの挙動を確認されたい.

MATLAB List 4.3: カルマンフィルタの数値例 [ex_kf.m]

```matlab
%% 問題設定
A = 1; C = 1;        % システム
Q = 1; R = 10^2;     % 雑音
N = 1000;            % データ数

%% 観測データの生成
% 雑音信号の生成
v = randn(N,1)*sqrtm(Q);         % システム雑音
w = randn(N,1)*sqrtm(R);         % 観測雑音
% 状態空間モデルを用いた時系列データの生成
x = zeros(N,1); y=zeros(N,1);    % 記憶領域の確保
y(1) = C*x(1,:)'+w(1);
for k=2:N                        % 時間更新
  x(k,:)=A*x(k-1,:)'+v(k-1);
  y(k)=C*x(k,:)'+w(k);
end

%% カルマンフィルタによる状態推定
% 推定値記録領域の確保
xhat = zeros(N,1);
% 初期推定値
P=0; xhat(1,:)=0;
% 推定値の時間更新
for k=2:N
  [xhat(k,:),P,G] = kf(A,0,C,Q,R,0,y(k),xhat(k-1,:),P);
  % 以下はRが過剰に評価されている場合
  % [xhat(k,:),P,G] = kf(A,0,C,Q,100*R,0,y(k),xhat(k-1,:),P);
end

%% 結果の表示
figure(1), clf, hold on
plot( 1:N,   y, 'Color', [0.7,0.7,0.7], 'LineWidth', 0.5)
plot( 1:N,   x, 'r', 'LineWidth', 2)
```

```
plot( 1:N, xhat, 'b', 'LineWidth', 1)
xlabel('k')
legend('y','x','xhat')
```

上のコードで用いている線形カルマンフィルタの実装を以下に示す．

MATLAB List 4.4：線形カルマンフィルタの実装 [kf.m]

```
function [xhat_new,P_new, G] = kf(A,B,C,Q,R,u,y,xhat,P)
% KF 線形カルマンフィルタの更新式
% [xhat_new,P_new, G] = kf(A,B,C,Q,R,u,y,xhat,P)
% 線形カルマンフィルタの推定値更新を行う
% 引数:
%    A,B,C: 対象システム
%              x(k+1) = Ax(k) + Bu(k) + v(k)
%              y(k)   = Cx(k) + w(k)
%           のシステム行列
%    Q,R: 雑音v,wの共分散行列．v,w は正規性白色雑音で
%              E[v(k)]  = E[w(k)] = 0
%           E[v(k)v(k)'] = Q, E[w(k)w(k)'] = R
%           であることを想定
%    u: 状態更新前時点での制御入力 u(k)
%    y: 状態更新後時点での観測出力 y(k+1)
%    xhat,P: 更新前の状態推定値 xhat(k)・誤差共分散行列 P(k)
% 返り値:
%    xhat_new: 更新後の状態推定値 xhat(k+1)
%    P_new:    更新後の誤差共分散行列 P(k+1)
%    G:        カルマンゲイン G(k)
% 参考:
%    非線形システムへの拡張: EKF, UKF

% 列ベクトルに整形
xhat = xhat(:); u = u(:); y = y(:);
% 事前推定値
xhatm = A*xhat + B*u;                % 状態
Pm    = A*P*A' + Q;                  % 誤差共分散
% カルマンゲイン行列
G     = Pm*C'/(C*Pm*C'+R);
% 事後推定値
xhat_new = xhatm+G*(y-C*xhatm);      % 状態
```

```
    P_new    = (eye(size(A))-G*C)*Pm;   % 誤差共分散
end
```

4.5.2　非線形カルマンフィルタ

一般に，現実のシステムは非線形である．本書のメインテーマである電池もその例外ではない．雑音を考慮した離散時間非線形状態空間表現は，次のようになる．

$$x(k+1) = f(x(k), u(k)) + v(k) \tag{4.78}$$

$$y(k) = h(x(k), u(k)) + w(k) \tag{4.79}$$

いま，システム雑音 $v(k)$ や観測雑音 $w(k)$ が正規白色性であると仮定しても，非線形状態方程式であるため，非線形変換されれば，その正規性という美しい性質はなくなってしまう．

そのため，非線形状態方程式でシステムが記述される場合には，何らかの近似が必要になる．その代表的な方法は，

- 拡張カルマンフィルタ（extended Kalman filter; EKF）
- 無香料カルマンフィルタ（unscented Kalman filter; UKF）

である．

拡張カルマンフィルタ（以下，EKF と略記する）は非線形システムを動作点近傍で線形近似する方法であり，カルマンフィルタが提案された1960年代前半から広く使われている．一方，無香料カルマンフィルタ（以下，UKF と略記する）は確率分布を少数個の分布の和で近似しようとする方法で，1990年代に提案された．EKF が，推定された状態変数の期待値1点の近傍で線形近似を行うのに対し，UKF は推定された分散に応じて分布する複数の点で f および h に基づいて近似を行うため，分散の範囲での f および h の非線形性が無視できない場合には，UKF は EKF よりも良い近似を与えることが期待される．さらに，多数の粒子によって分布の近似を行う粒子フィルタ（particle filter）と呼ばれる手法もあり，粒子の個数を多くすることで近似の精度を任意に高めることが可能であるが，計算量とのトレードオフがある．な

お，UKFは少数の粒子をシステマティックに配置する粒子フィルタの一種と見なすこともできる．第6章では，UKFを用いて電池の充電率（SOC）を推定する方法を紹介する．

ここでは，EKFとUKFの具体的なアルゴリズムとMATLABによる実装を示し，数値例によってこれらの動作を確認する．

[1] 拡張カルマンフィルタ（EKF）

まず，以下がEKFのアルゴリズムである．

❖ Point 4.6 ❖ 拡張カルマンフィルタのアルゴリズム

□ 時間更新式

$k = 1, 2, \ldots, N$ に対して次式を計算する．

予測ステップ

事前状態推定値：$\hat{\boldsymbol{x}}^-(k) = \boldsymbol{f}(\hat{\boldsymbol{x}}(k-1), \hat{\boldsymbol{u}}(k-1))$ (4.80)

線形近似：$\boldsymbol{A}(k-1) = \left.\dfrac{\partial \boldsymbol{f}}{\partial \boldsymbol{x}}\right|_{\substack{\boldsymbol{x}=\hat{\boldsymbol{x}}(k-1)\\ \boldsymbol{u}=\hat{\boldsymbol{u}}(k-1)}}, \quad \boldsymbol{C}(k) = \left.\dfrac{\partial \boldsymbol{h}}{\partial \boldsymbol{x}}\right|_{\boldsymbol{x}=\hat{\boldsymbol{x}}^-(k)}$

(4.81)

事前誤差共分散行列：$\boldsymbol{P}^-(k) = \boldsymbol{A}(k-1)\boldsymbol{P}(k-1)\boldsymbol{A}^\top(k-1) + \boldsymbol{Q}$ (4.82)

フィルタリングステップ

カルマンゲイン：$\boldsymbol{G}(k) = \boldsymbol{P}^-(k)\boldsymbol{C}(k)^\top \left(\boldsymbol{C}(k)\boldsymbol{P}^-(k)\boldsymbol{C}(k)^\top + \boldsymbol{R}\right)^{-1}$

(4.83)

状態推定値：$\hat{\boldsymbol{x}}(k) = \hat{\boldsymbol{x}}^-(k) + \boldsymbol{G}(k)\{\boldsymbol{y}(k) - \boldsymbol{h}(\hat{\boldsymbol{x}}^-(k))\}$ (4.84)

事後誤差共分散行列：$\boldsymbol{P}(k) = (\boldsymbol{I} - \boldsymbol{G}(k)\boldsymbol{C}(k))\boldsymbol{P}^-(k)$ (4.85)

EKFでは状態方程式 $\boldsymbol{f}$ および出力方程式 $\boldsymbol{h}$ のヤコビアンが必要である点に注意しよう．なお，このアルゴリズムを実装するMATLABコードは，以下のようになる．

MATLAB List 4.5：拡張カルマンフィルタ（EKF）の実装［ekf.m］

```
function [xhat_new,P_new, G] = ekf(f,h,A,C,Q,R,y,xhat,P)
  % EKF 拡張カルマンフィルタの更新式
  % [xhat_new,P_new, G] = ekf(f,h,A,C,Q,R,y,xhat,P)
```

```
% 線形カルマンフィルタの推定値更新を行う
% 引数:
%     f,h: 対象システム
%                x(k+1) = f(x(k)) + v(k)
%                y(k)   = h(x(k)) + w(k)
%          を記述する関数への関数ハンドル f, h
%     注意：対象システムが既知の制御入力 u を持つ関数 fu(x(k),u(k))
%          で記述される場合
%            f=@(x) fu(x,u(k))
%          を与えればよい
%     A,C: f,hのヤコビアンを計算する関数への関数ハンドル
%     Q,R: 雑音v,wの共分散行列．v,w は正規性白色雑音で
%            E[v(k)] = E[w(k)] = 0
%            E[v(k)v(k)'] = Q, E[w(k)w(k)'] = R
%          であることを想定
%     y:  状態更新後時点での観測出力 y(k+1)
%     xhat,P: 更新前の状態推定値 xhat(k)・誤差共分散行列 P(k)
% 返り値:
%     xhat_new: 更新後の状態推定値 xhat(k+1)
%     P_new:    更新後の誤差共分散行列 P(k+1)
%     G:        カルマンゲイン G(k)
% 参考:
%     線形カルマンフィルタ: KF
%     無香料カルマンフィルタ: UKF

% 列ベクトルに整形
xhat=xhat(:); y=y(:);
% 事前推定値
xhatm=f(xhat);                                    % 状態
Pm = A(xhat)*P*A(xhat)' + Q;                      % 誤差共分散
% カルマンゲイン
G = Pm*C(xhatm)'/(C(xhatm)*Pm*C(xhatm)'+R);
% 事後推定値
xhat_new=xhatm+G*(y-h(xhatm));                    % 状態
P_new = (eye(size(A(xhat)))-G*C(xhatm))*Pm;       % 誤差共分散
end
```

[2] 無香料カルマンフィルタ（UKF）

次に，UKF のアルゴリズムを以下にまとめる．

❖ Point 4.7 ❖　無香料カルマンフィルタ（対称サンプリング法）のアルゴリズム

□ 初期値

状態推定値の初期値 $\hat{\boldsymbol{x}}(0)$ は $N(\boldsymbol{x}_0, \boldsymbol{\Sigma}_0)$ に従う正規性確率ベクトルとする．すなわち，

$$\hat{\boldsymbol{x}}(0) = \mathrm{E}[\boldsymbol{x}(0)] = \boldsymbol{x}_0 \tag{4.86}$$

$$\boldsymbol{P}(0) = \mathrm{E}\left[(\boldsymbol{x}(0) - \mathrm{E}[\boldsymbol{x}(0)])(\boldsymbol{x}(0) - \mathrm{E}[\boldsymbol{x}(0)])^\top\right] = \boldsymbol{\Sigma}_0 \tag{4.87}$$

とおく．また，システム雑音の共分散行列 $\boldsymbol{Q}$ と観測雑音の共分散行列 $\boldsymbol{R}$ を設定する．

□ 時間更新式

$k = 1, 2, \ldots, N$ に対して次式を計算する．

(a) シグマポイントの計算

1時刻前に得られた状態推定値 $\hat{\boldsymbol{x}}(k-1)$ と共分散行列 $\boldsymbol{P}(k-1)$ を用いて $2n+1$ 個のシグマポイントを計算する．

$$\boldsymbol{\mathcal{X}}_0(k-1) = \hat{\boldsymbol{x}}(k-1) \tag{4.88}$$

$$\boldsymbol{\mathcal{X}}_i(k-1) = \hat{\boldsymbol{x}}(k-1) + \sqrt{n+\kappa}\left(\sqrt{\boldsymbol{P}(k-1)}\right)_i, \quad i = 1, 2, \ldots, n \tag{4.89}$$

$$\boldsymbol{\mathcal{X}}_{n+i}(k-1) = \hat{\boldsymbol{x}}(k-1) - \sqrt{n+\kappa}\left(\sqrt{\boldsymbol{P}(k-1)}\right)_i, \quad i = 1, 2, \ldots, n \tag{4.90}$$

また，重みを次のようにおく．

$$w_0 = \frac{\kappa}{n+\kappa}, \qquad w_i = \frac{1}{2(n+\kappa)}, \quad i = 1, 2, \ldots, 2n \tag{4.91}$$

ここで，κ はスケーリングパラメータであり，通常 $\kappa = 0$ とおく．

(h) 予測ステップ

シグマポイントの更新：$\boldsymbol{\mathcal{X}}_i^-(k) = \boldsymbol{f}(\boldsymbol{\mathcal{X}}_i(k-1)), \quad i = 0, 1, \ldots, 2n \tag{4.92}$

事前状態推定値：$\hat{\boldsymbol{x}}^-(k) = \sum_{i=0}^{2n} w_i \boldsymbol{\mathcal{X}}_i^-(k) \tag{4.93}$

事前誤差共分散行列：$\boldsymbol{P}^-(k) = \sum_{i=0}^{2n} w_i \{\boldsymbol{\mathcal{X}}_i^-(k) - \hat{\boldsymbol{x}}^-(k)\}\{\boldsymbol{\mathcal{X}}_i^-(k) - \hat{\boldsymbol{x}}^-(k)\}^\top$
$$+\boldsymbol{Q} \qquad (4.94)$$

シグマポイントの再計算：
$$\boldsymbol{\mathcal{X}}_0^-(k) = \hat{\boldsymbol{x}}^-(k) \qquad (4.95)$$
$$\boldsymbol{\mathcal{X}}_i^-(k) = \hat{\boldsymbol{x}}^-(k) + \sqrt{n+\kappa}\left(\sqrt{\boldsymbol{P}^-(k)}\right)_i, \quad i = 1, 2, \ldots, n \qquad (4.96)$$
$$\boldsymbol{\mathcal{X}}_{n+i}^-(k) = \hat{\boldsymbol{x}}^-(k) - \sqrt{n+\kappa}\left(\sqrt{\boldsymbol{P}^-(k)}\right)_i, \quad i = 1, 2, \ldots, n \qquad (4.97)$$

ここで，$\boldsymbol{\mathcal{X}}_i^-(k)$ の下添字 i は i 番目の要素であることを表す．

出力のシグマポイントの更新：$\boldsymbol{\mathcal{Y}}_i^-(k) = \boldsymbol{h}\left(\boldsymbol{\mathcal{X}}_i^-(k)\right), \quad i = 0, 1, \ldots, 2n \quad (4.98)$

事前出力推定値：$\hat{\boldsymbol{y}}^-(k) = \sum_{i=0}^{2n} w_i \boldsymbol{\mathcal{Y}}_i^-(k) \qquad (4.99)$

事前出力誤差共分散行列：$\boldsymbol{P}_{yy}^-(k) = \sum_{i=0}^{2n} w_i \{\boldsymbol{\mathcal{Y}}_i^-(k) - \hat{\boldsymbol{y}}^-(k)\}^2 \qquad (4.100)$

事前状態・出力誤差共分散行列：
$$\boldsymbol{P}_{xy}^-(k) = \sum_{i=0}^{2n} w_i \{\boldsymbol{\mathcal{X}}_i^-(k) - \hat{\boldsymbol{x}}^-(k)\}\{\boldsymbol{\mathcal{Y}}_i^-(k) - \hat{\boldsymbol{y}}^-(k)\} \qquad (4.101)$$

カルマンゲイン：$\boldsymbol{G}(k) = \boldsymbol{P}_{xy}^-(k)\left(\boldsymbol{P}_{yy}^-(k) + \boldsymbol{R}\right)^{-1} \qquad (4.102)$

(c) フィルタリングステップ

状態推定値：$\hat{\boldsymbol{x}}(k) = \hat{\boldsymbol{x}}^-(k) + \boldsymbol{G}(k)\{\boldsymbol{y}(k) - \hat{\boldsymbol{y}}^-(k)\} \qquad (4.103)$

事後誤差共分散行列：$\boldsymbol{P}(k) = \boldsymbol{P}^-(k) - \boldsymbol{G}(k)(\boldsymbol{P}_{xy}^-(k))^\top \qquad (4.104)$

UKFのアルゴリズムはEKFと比較して手順が多く，通常EKFよりも長い計算時間を要するが，fやhのヤコビアンを必要としない点に注意しよう．上に示したUKFのアルゴリズムを実装するMATLABコードを，以下に示す．

MATLAB List 4.6：無香料カルマンフィルタ（UKF）の実装 [ukf.m]

```
function [xhat_new,P_new, G] = ukf(f,h,Q,R,y,xhat,P)
    % UKF 無香料カルマンフィルタの更新式
```

```
%
% [xhat_new,P_new, G] = ukf(f,h,Q,R,y,xhat,P)
% 無香料カルマンフィルタの推定値更新を行う
% 引数:
%    f,h: 対象システム
%              x(k+1) = f(x(k)) + v(k)
%              y(k)   = h(x(k)) + w(k)
%           を記述する関数への関数ハンドル f, h
%    注意:対象システムが既知の制御入力 u を持つ関数 fu(x(k),u(k))
%           で記述される場合
%             f=@(x) fu(x,u(k))
%           を与えればよい
%    Q,R: 雑音v,wの共分散行列. v,w は正規性白色雑音で
%             E[v(k)] = E[w(k)] = 0
%           E[v(k)'v(k)] = Q, E[w(k)'w(k)] = R
%        であることを想定
%    y: 状態更新後時点での観測出力 y(k+1)
%    xhat,P: 更新前の状態推定値 xhat(k)・誤差共分散行列 P(k)
% 返り値:
%    xhat_new: 更新後の状態推定値 xhat(k+1)
%    P_new:    更新後の誤差共分散行列 P(k+1)
%    G:        カルマンゲイン G(k)
% 参考:
%    線形カルマンフィルタ: KF
%    拡張カルマンフィルタ: EKF

% 列ベクトルに整形
xhat=xhat(:); y=y(:);
% 事前推定値
[xhatm,Pm] = ut(f,xhat,P);        % U変換による遷移後状態の近似
Pm         = Pm + Q;              % システム雑音を考慮
[yhatm,Pyy,Pxy] = ut(h,xhatm,Pm); % U変換による出力値の近似
% カルマンゲイン行列
G = Pxy/(Pyy+R);
% 事後推定値
xhat_new = xhatm + G*(y-yhatm);   % 状態
P_new    = Pm - G*Pxy';           % 誤差共分散
end
```

関数 ukf で呼び出している，U 変換を行う関数 ut の実装は，以下のようになる．

MATLAB List 4.7：U 変換の実装 [ut.m]

```matlab
function [ym, Pyy, Pxy ] = ut( f,xm,Pxx )
 % UT U変換 (unscented transformation)
 % [ym, Pyy, Pxy ] = ut( f,xm,Pxx )
 % 確率変数 x に関して
 %    xm  : E[x]
 %    Pxx : E[(x-xm)(x-xm)']
 % が与えられているとき,
 % 非線形写像 y=f(x) で与えられる確率変数 y について
 %    ym  : E[y]
 %    Pyy : E[(y-ym)(y-ym)']
 %    Pxy : E[(x-xm)(y-ym)']
 % をU変換に基づいて計算する.
 % f は関数ハンドルで与えられるものとする.

 %% 準備
 % 列ベクトルに整形
 xm = xm(:);
 % mapcols(f,x): xの各列をfで写像する関数
 mapcols = @(f,x) ...
    cell2mat(arrayfun(@(k) f(x(:,k)),1:size(x,2),...
      'UniformOutput',false));
 % 定数
 n = length(xm);            % 次数
 kappa = 3-n;               % スケーリングパラメータ
 w0 = kappa/(n+kappa);      % 重み
 wi = 1/(2*(n+kappa));
 W = diag([w0;wi*ones(2*n,1)]);
 %% U変換
 % シグマポイントの生成
 L = chol(Pxx);
 X = [xm';
    ones(n,1)*xm'+sqrt(n+kappa)*L;
    ones(n,1)*xm'-sqrt(n+kappa)*L];
 % シグマポイントに対応する y を計算
 Y = mapcols(f,X')';
 % y の期待値
 ym = sum(W*Y)';
```

```
    % 共分散行列
    Yd = bsxfun(@minus,Y,ym');   % 平均値の除去
    Xd = bsxfun(@minus,X,xm');   % 平均値の除去
    Pyy = Yd'*W*Yd;
    Pxy = Xd'*W*Yd;
end
```

[3] 数値例

次に，EKF と UKF による状態推定の数値例を通して，これらの動作を確認しよう．ここで対象とするシステムは，スカラの状態 x と出力 y を持つシステム

$$x(k+1) = 0.99 \sin x(k) + v(k) \tag{4.105}$$
$$y(k) = \operatorname{sgn}\{x(k)\} \cdot x(k)^2 + w(k) \tag{4.106}$$

であり，雑音の分散はそれぞれ $Q = 0.01^2$, $R = 0.01^2$ とする．ここで，$\operatorname{sgn}(x)$ は

$$\operatorname{sgn}(x) = \begin{cases} 1 & (x > 0) \\ 0 & (x = 0) \\ -1 & (x < 0) \end{cases}$$

で定義される符号関数である．なお，このシステムは状態と出力の数が一致しており，雑音を無視すれば

$$x(k) = \operatorname{sgn}\{y(k)\}\sqrt{|y(k)|} \tag{4.107}$$

の関係を用いて観測値 $y(k)$ から $x(k)$ を推定することができる．初期状態を $x(1) = 0.4$ としたときの応答と，観測値から式 (4.107) に基づいて推定された状態の関係を図 4.17 に示す．以下は上記の応答と推定値を生成する MATLAB コードである．

MATLAB List 4.8：非線形カルマンフィルタの数値例 [ex_nonlin_kf.m]

```
%% 問題設定
% システム
f = @(x) 0.99*sin(x);
h = @(x) sign(x)*x^2;
A = @(x) 0.99*cos(x);     % f のヤコビアン
C = @(x) 2*abs(x);        % h のヤコビアン
```

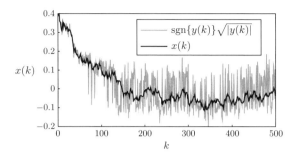

図4.17 状態変数の応答と $\hat{x}(k) = \mathrm{sgn}\,\{y(k)\}\,\sqrt{|y(k)|}$ に基づく観測値からの推定

```
% データ数・雑音の設定
N=500; Q=0.01^2; R=0.01^2;

%% 非線形時系列の生成
% 雑音信号の生成
v = randn(N,1)*sqrtm(Q);      % システム雑音
w = randn(N,1)*sqrtm(R);      % 観測雑音
% 記憶領域の確保
x = zeros(N,1); y = zeros(N,1);
% 初期値
x(1) = 0.4; y(1) = h(x(1));
for k=2:N
  x(k) = f(x(k-1)) + v(k-1);
  y(k) = h(x(k)) + w(k);
end

%% 状態の表示
figure(1), clf, hold on, box on
plot(1:N, sign(y).*(abs(y).^(1/2)), 'b', 1:N, x, 'r')
xlim([0,N]); ylim([-0.2,0.4]);
xlabel('k'), ylabel('x')
legend('sign y \cdot |y|^{1/2}','true')
```

このシステムの状態遷移を記述する関数 $f(x) = 0.99 \sin x(k)$ は，sin 関数による非線形を持つ．また，出力を記述する関数 $h(x) = \mathrm{sgn}\,\{x(k)\} \cdot x(k)^2$ も非線形関数であり，状態が 0 に近づくにつれて状態の変化に対する観測値の変化が急激に小さくなるため，相対的に雑音が大きくなり，観測値からの状態推定が困難になる．実際，

図4.17に示した推定値は，xが0に近づくにつれて雑音の影響を強く受けたものになっており，推定が困難になっていることが確認できる．

このシステムと応答に対し，2種の非線形カルマンフィルタを適用して状態推定を試みる．まず，EKFを用いて得られた状態推定値を図4.18に示す．図中の黒い実線が真値$x(k)$，グレーの実線が推定値$\hat{x}(k)$の時系列であり，網掛けされた範囲は推定分散に基づく2σ範囲，すなわち$\hat{x}(k) \pm 2\sqrt{P(k)}$を示している．分布が正規分布ではないため，あくまでも目安であるが，概ね95％のサンプルについて真の状態が網掛けされた範囲に入ることが期待される．EKFでは$\hat{x}(k)$の近傍での線形近似システムに基づいて推定値の更新を行うため，分散の範囲での非線形性が無視できないとき，近似は不正確なものになる．この例では，状態が$x=0$に近いとき，EKFによる推定は出力関数hの非線形性の影響を受け，推定分散を過剰に見積もっていることがわかる．

次に，UKFによって得られた推定値を図4.19に示す．図から，EKFによる結果

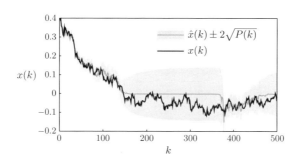

図4.18　拡張カルマンフィルタ（EKF）による推定

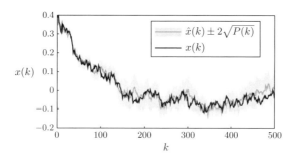

図4.19　無香料カルマンフィルタ（UKF）による推定

(図4.18) と比較して，xが0に近いときでも適切な状態推定が行われていることが確認できる．これは，UKFが推定分散と対応して分布する複数の点でhとfを評価して確率分布を近似しており，EKFのように$x = 0$付近の極端に状態推定が困難な点に強く影響されることがないためである．

どちらのカルマンフィルタが適しているかは問題に依存し，多くの場合，両者の性能に大差はない．しかし，上記のように原理的に不得手な問題は存在するので，各手法が立脚する原理を理解しておくこと，また，実際に数値実験を行って動作を確認しておくことが重要である．ただし，EKFについてはfおよびhのヤコビアンを求めることが必要になる．これらのヤコビアンを解析的に求めることが難しく，数値的に微分計算を行うのであれば，推定分散を考慮してほぼ同等の計算を行うUKFを検討する価値は大きい．

上記の数値実験を行うプログラムを以下に掲載する．各手法の理解に役立てられたい．

MATLAB List 4.9：非形形カルマンフィルタの数値例（List 4.8のつづき）

```
%% EKF/UKFによる推定
for filt=0:1
  % 記憶領域の確保
  xhat = zeros(N,1);   P = zeros(N,1);
  % 初期推定値
  xhat(1) = x(1)+0.1; P(1) = 0.1;
  % 推定値の更新
  for k=2:N
    if filt==0
      % EKFによる推定
      [xhat(k,:),P(k)] = ekf(f,h,A,C,Q,R,y(k),xhat(k-1,:),P(k-1));
    else
      % UKFによる推定
      [xhat(k,:),P(k)] = ukf(f,h,Q,R,y(k),xhat(k-1,:),P(k-1));
    end
  end
  % 図の作成
  figure(2+filt), clf, box on, hold on
  patch([1:N,N:-1:1],[(xhat-2*sqrt(P));flipud(xhat+2*sqrt(P))],...
    ' ','FaceColor',[0.5,0.5,1],'FaceAlpha',0.5,'EdgeAlpha',0)
```

```
  plot(1:N, xhat, 'b', 1:N, x, 'r')
  xlabel('k'), ylabel('x')
  legend('xhat+-2P^{1/2}', 'xhat', 'x')
  xlim([0,N]); ylim([-0.2,0.4]);
end
```

4.6 システムとして見た電池

　本章では，バッテリマネジメントシステムを構成する上で有用なシステム工学の諸手法を紹介した．次章からは電池をシステムと見なし，ここで紹介した方法を適用することで，バッテリマネジメントシステムにおいて必要な情報を引き出す．その出発点は，図 4.20 に示すように，入力を電流 $i(t)$，出力を端子電圧 $v(t)$ とするシステムとして電池を捉えることである．

　システムの中には直接観測できない内部状態量が無数にあり，バッテリマネジメントにおいて特に重要なものとしては，SOC や SOH が挙げられる．また，第 2 章で述べたように，端子電圧は SOC, SOH や，さまざまな電気化学反応によって電流と関係づけられる．これらの関係性を適切にモデリングし，システム同定や状態推定の方法を駆使することで，重要な内部状態に関する知見を得ることができる．

図 4.20　システムとして見た電池

参考文献

[1] 足立修一：MATLAB による制御工学，東京電機大学出版局 (1999)

[2] 佐藤・下本・熊沢：はじめての現代制御理論，講談社 (2012)

[3] K. Zhou, J. C. Doyle and K. Glover : Robust and Optimal Control, Prentice Hall (1995)

[4] J. M. Maciejowski 著，足立・菅野 訳：モデル予測制御——制約のもとでの最適制御，東京電機大学出版局 (2005)

[5] 足立・丸田：カルマンフィルタの基礎，東京電機大学出版局 (2012)

[6] 足立修一：信号・システム理論の基礎——フーリエ解析，ラプラス変換，z 変換を系統的に学ぶ，コロナ社 (2014)

[7] 足立修一：システム同定の基礎，東京電機大学出版局 (2009)

[8] H. Garnier and L. Wang (Eds.): *Identification of Continuous-time Models from Sampled Data*, Springer-Verlag (2008)

[9] I. Maruta and T. Sugie: "Projection-based identification algorithm for grey-box continuous-time models", *Systems & Control Letters*, Vol.62, No.11, pp.1090–1097 (2013)

第5章 電池のモデリング

本章では，主にリチウムイオン二次電池を対象として，システム工学の立場からモデリングを行う．まず，電池を等価回路表現する．次に，その電気回路にグレーボックスモデリングを適用することによって，物理現象[1]を考慮した電池モデルを導出する．最後に，その回路パラメータを連続時間システム同定によって求める方法について解説する．

5.1 電池モデルの基本構成

電池のモデリングや状態推定を行うために，図 5.1 に示す OCV（開回路電圧）と過電圧 η の二つの要素からなる等価回路モデル（**テブナンの等価回路**）を考える．第 2 章で述べたように，OCV は電気化学的平衡状態における電極の電位差であり，過電圧は電池内部の電気化学反応の反応速度によって決まる内部インピーダンスによる電圧降下である．図より，端子電圧 v と OCV，過電圧 η は，

$$v(t) = \mathrm{OCV}(t) + \eta(t) \tag{5.1}$$

を満たす．ただし，充電時は $\eta > 0$，放電時は $\eta < 0$ である．以下では，図 5.1 の電池のモデルについて，OCV と過電圧に分けて解説しよう．

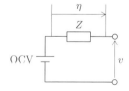

図 5.1　電池の等価回路モデル

---

[1] 本書では，電気化学的な現象を物理現象と総称している．

5.1.1　OCV のモデル

図 5.2 に示す SOC-OCV 特性を

$$\mathrm{OCV}(t) = f_{\mathrm{OCV}}(\mathrm{SOC}(t)) \tag{5.2}$$

のように非線形関数 $f_{\mathrm{OCV}}(\cdot)$ で表す．

SOC-OCV 特性は電極材料によって決まるので，電池の劣化や温度変動などによってほとんど変化しないと仮定することができる．そのため，電池を使用後，十分時間がたち，平衡状態になったときの電池の端子電圧を測れば，この特性から SOC を求めることができる．また，電池を使用中の非平衡状態であっても，何らかの方法で OCV を推定できれば，この特性から SOC を求めることができる．第 6 章で述べるいくつかの SOC 推定法では，この点を利用する．

SOC-OCV 特性は，式 (2.9) をもとに，補正項を追加した次式で表されることが多い．

$$f_{\mathrm{OCV}}(\mathrm{SOC}(t)) = E^0 + k_1 \ln(\mathrm{SOC}(t)) + k_2 \ln(1 - \mathrm{SOC}(t)) \\ - \frac{k_3}{\mathrm{SOC}(t)} - k_4 \mathrm{SOC}(t) \tag{5.3}$$

ここで，E^0 は標準電極電位，$k_1 \sim k_4$ は係数である．式 (5.3) 右辺第 2 項と第 3 項が電池の両極におけるネルンストの式のイオン濃度項であり，第 4 項と第 5 項が合わせ込みのための補正項である．

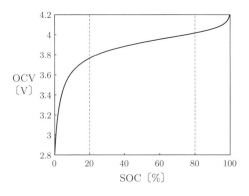

図 5.2　SOC-OCV 特性

電極の材料が複雑な組成をしていると，式(5.3)は成り立たない．そのため，事前の実験で測定したSOC-OCV特性をテーブルとして保存して，それをテーブルルックアップする方法や，多項式で適合して計算する方法などを用いて，SOCとOCVを相互に変換するのが一般的である．また，このSOC-OCV特性は非線形な関係ではあるが，図5.2のような場合にSOCが20％から80％程度までは局所的には線形であると考えて，定電圧源とコンデンサの直列接続，あるいは単純にコンデンサのみに近似することもある．

また，SOCはその定義から，測定開始時刻を t_0 として，

$$\mathrm{SOC}(t) = \mathrm{SOC}(t_0) + \frac{1}{\mathrm{FCC}} \int_{t_0}^{t} i(\tau)\,\mathrm{d}\tau \tag{5.4}$$

より求めることができる．ただし，$i(t)$ は時刻 t 秒における充放電時の電流であり，充電する方向を正とする．また，FCCは電池の満充電容量を意味し，単位はC（クーロン）である[2]．$\mathrm{SOC}(t_0)$ は時刻 t_0 秒におけるSOCである．

5.1.2　過電圧のモデル

過電圧は電池の内部インピーダンスによって生じる．内部インピーダンスは第2章で述べたような電池内の素過程によって決まってくるが，大きく影響するのは以下の三つの過程である．

(1) 電極表面付近での**電極反応過程**
(2) 電極表面付近での**物質移動過程**（拡散過程）
(3) 電解質での**泳動過程**

一般に，**電極反応**（電荷移動や溶媒和-脱溶媒和）**過程**は時定数が数ミリ秒～数百ミリ秒の速いダイナミクス，**拡散過程**は時定数が数秒～数千秒の遅いダイナミクスである．また，**泳動過程**はオーム抵抗，すなわちダイナミクスがない直達項である．このように時定数が大きく異なる過程をいかに等価回路モデルで表すかが問題となる．

以下では，この内部インピーダンスのモデルについて，第4章で紹介したブラックボックスモデリングとグレーボックスモデリングの二つのアプローチを説明する．

---

[2] 1 Ah（アンペアアワー）= 3600 Cである．

5.2 ブラックボックスモデリング

第4章で述べたシステム同定を適用して，内部インピーダンスのブラックボックスモデルを構築すると，一般に次のような伝達関数モデルが得られる．

$$G(s) = \frac{b_n s^n + \cdots + b_1 s + b_0}{s^n + a_{n-1} s^{n-1} + \cdots + a_1 s + a_0} \tag{5.5}$$

このような伝達関数モデルは，複数個のRC並列回路を直列接続した等価回路モデルで表すことができる．たとえば，式(5.5)で次数 $n = 4$ とすると，図5.3に示すように，RC並列回路を四つ接続した回路と等価となる．図5.3で，R_0 は泳動過程を表し，複数のRC並列回路のうち速い時定数を持つ部分は電極反応過程，残りの遅い時定数を持つ部分は拡散過程を表す．

図5.3のような等価回路モデルを用いてSOC推定やパラメータ推定を行うことは，自然な考え方である．しかし，このモデルをその用途に使おうとすると，次の二つの点が問題となってくる．

(1) 物理的な意味づけがない
(2) パラメータの数が多い

一つ目について，このモデルは，システム同定結果を等価回路に適合しているブラックボックスモデルである．そのため，電池内の電気化学反応という物理的な意味づけがされてはいるが，その対応関係は非常に弱く，得られた推定結果の妥当性について見通しが悪い．たとえば，温度が変化して，電池内の反応速度が変化すると，それまで拡散過程として意味づけしたRC並列回路が，電極反応過程として意味づけられるような推定値になったりする．

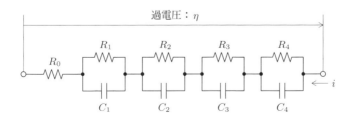

図5.3　システム同定で求めた等価回路モデルの例

二つ目について，このモデルには推定すべきパラメータが多数あり，数値計算の観点からそれらの推定が難しくなっている．特に物理的にあり得ないような負値の抵抗や容量が推定値として得られることもある．また，推定を簡単にするためにモデルのRC並列回路の数を減らすと，モデルの精度が下がってしまうというジレンマがある．

5.3　グレーボックスモデリング

グレーボックスモデリングの前提となる内部インピーダンスの物理モデルについて解説する．

第2章で述べた電池内の素過程から内部インピーダンスを考えると，図5.4のような等価回路モデルが得られる．ここで，R_Ω は電解液内での泳動過程などに起因する抵抗，C_{dl} は電極表面付近に発生する電気二重層に起因する容量，Z_f は電極表面の素過程に起因する**ファラデーインピーダンス**（Faraday impedance）を表す．電極表面の素過程とは，電極反応過程と拡散過程のことを意味する．この電極表面の素過程と同時並行で電気二重層が発生することから，C_{dl} と Z_f の並列回路となる．

ファラデーインピーダンス Z_f は，図5.5に示すように，電極反応過程に起因する電荷移動抵抗 R_{ct} と，拡散過程に起因するワールブルグインピーダンス Z_w の二つ

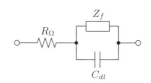

図5.4　物理現象に則した等価回路モデル

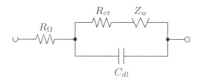

図5.5　ランドルズモデル

に分けられる．図のようなモデルを **ランドルズモデル**（Randles model）という[1]．
ファラデーインピーダンスから電荷移動抵抗とワールブルグインピーダンスを導出
する式展開については，5.6節の付録で示す．

いま，拡散過程の時定数が電極反応過程の時定数 $\tau_{ct} = R_{ct}C_{dl}$ よりも十分に長い
と仮定すると，図5.6のように $R_{ct}C_{dl}$ の並列回路とワールブルグインピーダンスが
直列接続する形に簡略化することができる．これを **修正ランドルズモデル**（modified
Randles model）という．以降このモデルを用いる．

修正ランドルズモデルの中の **ワールブルグインピーダンス** Z_w は，

$$Z_w(s) = \frac{R_d}{\sqrt{\tau_d s}} \tanh \sqrt{\tau_d s} \tag{5.6}$$

で表される[3]．ただし，R_d は $Z_w(s)$ の低周波極限（$\omega \to 0$）であり，**拡散抵抗** と呼
ばれる．また，τ_d は拡散反応の速度を意味し，**拡散時定数** と呼ばれる．これら R_d
と τ_d を用いて，**拡散容量** C_d を

$$C_d = \frac{\tau_d}{R_d} \tag{5.7}$$

と定義する．式(5.6)のワールブルグインピーダンスのボード線図と **複素インピー
ダンス軌跡** をそれぞれ図5.7と図5.8に示す．ボード線図上，高周波数でゲインが
$-10\,\mathrm{dB/dec}$ の傾きであることと，位相が -45 度となることに特徴がある．また，複
素インピーダンス軌跡上では，片側が45度の傾きを持つような特徴的な半円となる．

この修正ランドルズモデルのボード線図と複素インピーダンス軌跡をそれぞれ
図5.9と図5.10に示す．ただし，実際の電池を模擬して，パラメータには表5.1に示
す値を用いた．

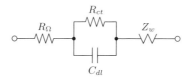

図5.6　修正ランドルズモデル

---

[3]． 式(5.6)は，厳密にはワールブルグインピーダンスの一種である．詳しくは文献[2]を参照されたい．

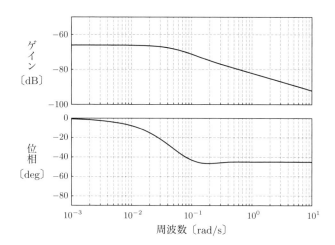

図 5.7　ワールブルグインピーダンスのボード線図

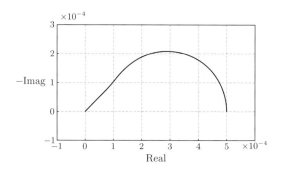

図 5.8　ワールブルグインピーダンスの複素インピーダンス軌跡

表 5.1　電池の等価回路モデルのパラメータ

パラメータ	数値	パラメータ	数値	パラメータ	数値
R_Ω	$0.300\,\mathrm{m\Omega}$				
R_{ct}	$0.150\,\mathrm{m\Omega}$	C_{dl}	$40.0\,\mathrm{F}$	τ_{ct}	$6.00\,\mathrm{ms}$
R_d	$0.500\,\mathrm{m\Omega}$	C_d	$82.0\,\mathrm{kF}$	τ_d	$41.0\,\mathrm{s}$

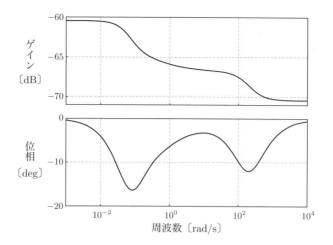

図5.9 修正ランドルズモデルのボード線図

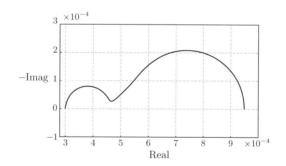

図5.10 修正ランドルズモデルの複素インピーダンス軌跡

さて，式 (5.6) のワールブルグインピーダンスには $s^{-0.5}$ という非整数階積分 (fractional integral)[4]が含まれている．一般に非整数階積分は電気回路で表せば分布定数回路となるので，本書でも，式 (5.6) のワールブルグインピーダンスを扱いやすくするために分布定数回路で表すことを考える．無限級数（フォスター型回路）や連分数展開（カウエル型回路）を使う方法がある．以下では，それらについて述べ，比較をする．

---

[4] この非整数階積分を積極的に利用して制御に生かす研究は古くからなされており，その性質についても詳しく調べられている[3]．

5.3.1 フォスター型回路

フォスター型回路を次の Point 5.1 でまとめておこう．

> ❖ Point 5.1 ❖　フォスター型回路
>
> ワールブルグインピーダンスは，無限級数
>
> $$Z_w(s) = \sum_{n=1}^{\infty} \frac{R_n}{sC_n R_n + 1} \tag{5.8}$$
>
> で表すことができる．ただし，
>
> $$C_n = \frac{C_d}{2}, \qquad R_n = \frac{8R_d}{(2n-1)^2 \pi^2} \tag{5.9}$$
>
> とおいた．式 (5.8) を回路図で表したのが図 5.11 であり，この回路は**フォスター型回路**（Foster's circuit）と呼ばれる．
>
>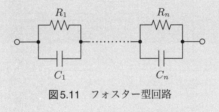
>
> 図 5.11　フォスター型回路

式 (5.8) の導出について簡単に述べよう．次のような双曲線関数 $\cosh(z)$ の無限乗積展開を考える．

$$\cosh(z) = \prod_{n=1}^{\infty} \left(1 + \frac{4z^2}{(2n-1)^2 \pi^2}\right)$$

両辺の対数をとると，

$$\ln \cosh(z) = \sum_{n=1}^{\infty} \ln \left(1 + \frac{4z^2}{(2n-1)^2 \pi^2}\right)$$

となり，さらに両辺を z で微分すると，

$$\tanh(z) = \sum_{n=1}^{\infty} \frac{\dfrac{8z}{(2n-1)^2 \pi^2}}{1 + \dfrac{4z^2}{(2n-1)^2 \pi^2}}$$

となる.ここで,$z = \sqrt{\tau_d s}$ を代入すると,式 (5.6) は,

$$\frac{R_d}{\sqrt{\tau_d s}} \tanh \sqrt{\tau_d s} = \sum_{n=1}^{\infty} \frac{\dfrac{8R_d}{(2n-1)^2 \pi^2}}{1 + \dfrac{4\tau_d s}{(2n-1)^2 \pi^2}} = \sum_{n=1}^{\infty} \frac{R_n}{sC_n R_n + 1} \tag{5.10}$$

となり,式 (5.8) を導き出すことができた.ただし R_n, C_n を式 (5.9) のようにおいた.

図 5.6 のワールブルグインピーダンスの部分を,図 5.11 のフォスター型回路を用いて表した内部インピーダンスの等価回路モデルを,図 5.12 に示す.これは前節で考えていたような RC 並列回路で表したモデル (図 5.3) の RC のとりうる値に対して,式 (5.9) のような制約を加えたことにほかならない.ここで注意すべきことは,コンデンサ C_n は n によって変化しない一定値であるということであり,それぞれの RC 並列回路の時定数は抵抗 R_n によって決まるということである.時定数は $n=1$ のときが一番長く,それを基準にして短くなっていく.たとえば,最初の時定数が 100 秒とすると,以降 11 秒,4 秒,2 秒 · · · となる.

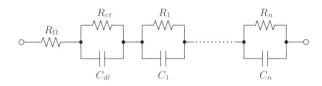

図 5.12　フォスター型回路を用いた内部インピーダンスの等価回路モデル

5.3.2　カウエル型回路

カウエル型回路を次の Point 5.2 でまとめておこう.

❖ Point 5.2 ❖　カウエル型回路

ワールブルグインピーダンスの近似として,連分数展開

$$Z_w(s) = \cfrac{1}{\cfrac{1}{R_1} + \cfrac{1}{\cfrac{1}{sC_1} + \cfrac{1}{\cfrac{1}{R_2} + \cfrac{1}{\cfrac{1}{sC_2} + \cdots}}}} \tag{5.11}$$

を考える．ただし，

$$C_n = \frac{C_d}{4n-1}, \quad R_n = \frac{R_d}{4n-3} \tag{5.12}$$

とおいた．式 (5.11) を回路図で表したのが，図 5.13 である．この回路を**カウエル型回路**（Cauer's circuit）と呼ぶ．

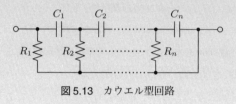

図 5.13 カウエル型回路

式 (5.11) の導出について簡単に述べよう．双曲線関数 $\tanh(z)$ を繰り返しローラン級数展開すると，

$$\begin{aligned}
\tanh(z) &= z - \frac{1}{3}z^3 + \frac{2}{15}z^5 - \frac{17}{315}z^7 + \cdots \\
&= \cfrac{1}{\cfrac{1}{z - \frac{1}{3}z^3 + \frac{2}{15}z^5 - \frac{17}{315}z^7 + \cdots}} = \cfrac{1}{\cfrac{1}{z} + \cfrac{1}{\frac{1}{3}z - \frac{1}{45}z^3 + \cdots}} \\
&= \cfrac{1}{\cfrac{1}{z} + \cfrac{1}{\cfrac{3}{z} + \cfrac{z}{5} + \cdots}} = \cfrac{1}{\cfrac{1}{z} + \cfrac{1}{\cfrac{3}{z} + \cfrac{1}{\cfrac{5}{z} + \cdots}}}
\end{aligned}$$

となる．ここで，$z = \sqrt{\tau_d s}$ を代入すると，式 (5.6) は，

$$\begin{aligned}
\frac{R_d}{\sqrt{\tau_d s}} \tanh \sqrt{\tau_d s} &= \frac{R_d}{\sqrt{\tau_d s}} \cfrac{1}{\cfrac{1}{\sqrt{\tau_d s}} + \cfrac{1}{\cfrac{3}{\sqrt{\tau_d s}} + \cfrac{1}{\cfrac{5}{\sqrt{\tau_d s}} + \cdots}}} \\
&= \cfrac{1}{\cfrac{1}{R_1} + \cfrac{1}{\cfrac{1}{sC_1} + \cfrac{1}{\cfrac{1}{R_2} + \cfrac{1}{\cfrac{1}{sC_2} + \cdots}}}}
\end{aligned} \tag{5.13}$$

となり，式 (5.11) を導き出すことができた．ただし，R_n, C_n を式 (5.12) のようにおいた．

図 5.6 のワールブルグインピーダンスの部分を，図 5.13 のカウエル型回路を用いて表した内部インピーダンスの等価回路モデルを，図 5.14 に示す．このカウエル型回路はフォスター型回路に比べて複雑に見えるが，拡散という物理現象をより忠実に表したモデルである．2.4 節の図 2.25 で，拡散電流の物理モデルとして，キャリアの拡散素子 H_D と蓄積素子 S で表したモデルを示したが，これはカウエル型回路であった．

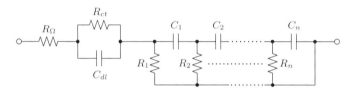

図 5.14　カウエル型回路を用いた内部インピーダンスの等価回路モデル

5.3.3　フォスター型回路とカウエル型回路の違い

ここまで，式 (5.6) のワールブルグインピーダンスの近似法として，フォスター型回路とカウエル型回路について述べたが，それらの違いについてまとめよう．

図 5.15 と図 5.16 は，式 (5.6) のワールブルグインピーダンスをそれぞれフォスター型回路とカウエル型回路で近似したときの周波数応答である．それぞれ近似の次数 n を 1, 3, 5 と変えた場合について示している．ただし，回路パラメータの値を表 5.1 から，$R_d = 0.5\,\mathrm{m\Omega}$ および $C_d = 82\,\mathrm{kF}$ とした．

これらの図から，カウエル型回路のほうが少ない次数でワールブルグインピーダンスの高周波領域を良く近似していることがわかる．しかし，実際の電池では，拡散過程よりも速い応答の電極反応過程や泳動過程が存在し，高周波領域ではそれらの影響のほうが大きい．電極反応過程の反応の時定数は数ミリ秒〜数百ミリ秒であるので，その影響を受けず拡散過程が支配的となる周波数は，最大でも数 rad/s 〜 数十 rad/s である．その周波数までにおいては，フォスター型回路もカウエル型回路も，ワールブルグインピーダンスを良く近似していると言える．

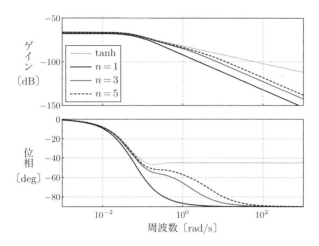

図5.15 フォスター型回路を用いたワールブルグインピーダンスの近似

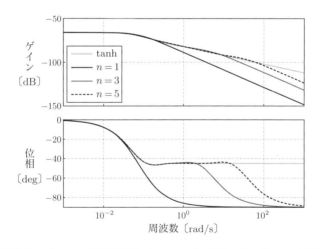

図5.16 カウエル型回路を用いたワールブルグインピーダンスの近似

図5.17と図5.18にフォスター型回路（図5.12）とカウエル型回路（図5.14）のボード線図をそれぞれ示す．ただし，回路パラメータは表5.1の値とし，ワールブルグインピーダンスの近似次数nを1, 3, 5と変えた．これらの図からも，フォスター型回路もカウエル型回路も，電池を模擬するという意味において大きな違いはないこと

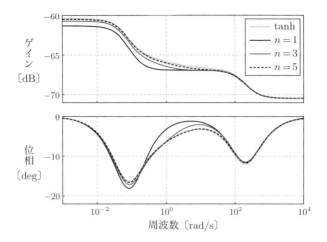

図5.17　フォスター型回路を用いた電池モデルのボード線図

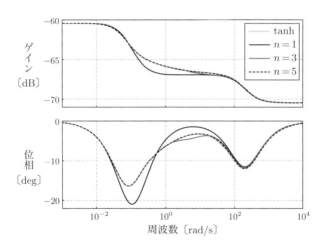

図5.18　カウエル型回路を用いた電池モデルのボード線図

がわかる．

　最後に，ワールブルグインピーダンスの近似次数について考察する．次数を上げていくと，図5.15や図5.16のように，まず低周波領域が良く近似され，次いで高周波領域が近似されていく．しかし，実際の電池では，高周波領域では電極反応過程などが支配的となるので，ある次数以上に上げても近似の精度は変わらない．一般に拡

散過程が支配的となるのは，最大で数 rad/s 〜 数十 rad/s であることから，ワールブルグインピーダンスの近似次数は3〜5程度であればよい．実際，図5.17や図5.18を見ると，次数3と5の場合で近似に大きな差はないことがわかる．

5.4　物理現象を考慮した電池モデルのまとめ

本章で述べてきたグレーボックスモデリングのための物理モデルをまとめて，「物理現象を考慮した電池モデル」として，全体像を図5.19に示す．

以下では，この電池モデルのワールブルグインピーダンスについて，フォスター型回路とカウエル型回路で表した2種類のモデルを，状態空間表現を用いて示す．また，この物理現象を考慮した電池モデルを用いる利点についてまとめ，今後の課題についても述べる．

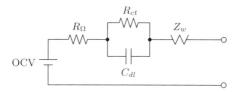

図5.19　物理現象を考慮した電池モデル

5.4.1　フォスター型回路を用いた電池モデル

n 次のフォスター型回路を用いてワールブルグインピーダンスを近似した場合の電池の等価回路モデルを図5.20に示す．図の等価回路モデルで，時刻 t での状態変数 $\boldsymbol{x} \in \Re^{n+2}$ を

$$\boldsymbol{x}(t) = [\ \mathrm{SOC}(t)\quad v_{dl}(t)\quad v_n(t)\quad \cdots\quad v_1(t)\ ]^\top \tag{5.14}$$

として，入力 $u(t) = i(t)$，出力 $y(t) = v(t)$ とする．ただし，$v_{dl}(t), v_1(t), \ldots, v_n(t)$ はそれぞれ添字に対応したコンデンサでの電圧降下，$i(t)$ は回路全体を流れる電流，$v(t)$ は回路全体の電圧降下である．

このとき，図5.20の等価回路モデルの状態空間表現は，

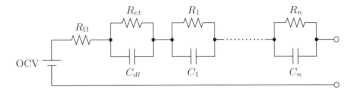

図 5.20 ワールブルグインピーダンス Z_w として n 次のフォスター型回路を用いた電池モデル

$$\frac{\mathrm{d}}{\mathrm{d}t}\boldsymbol{x}(t) = \boldsymbol{A}\boldsymbol{x}(t) + \boldsymbol{b}u(t) \tag{5.15}$$

$$y(t) = f_{\mathrm{OCV}}(\mathrm{SOC}(t)) + \boldsymbol{c}^\top \boldsymbol{x}(t) + R_0 u(t) \tag{5.16}$$

となる.ただし,

$$\boldsymbol{A} = \mathrm{diag}\left(\begin{array}{ccccc} 0 & -\dfrac{1}{C_{dl}R_{ct}} & -\dfrac{1}{C_n R_n} & \cdots & -\dfrac{1}{C_1 R_1} \end{array}\right) \tag{5.17}$$

$$\boldsymbol{b} = \left[\begin{array}{ccccc} \dfrac{1}{\mathrm{FCC}} & \dfrac{1}{C_{dl}} & \dfrac{1}{C_n} & \cdots & \dfrac{1}{C_1} \end{array}\right]^\top \tag{5.18}$$

$$\boldsymbol{c} = [\begin{array}{ccccc} 0 & 1 & 1 & \cdots & 1 \end{array}]^\top \tag{5.19}$$

である.また,

$$C_\ell = \frac{C_d}{2}, \qquad R_\ell = \frac{8R_d}{(2\ell - 1)^2 \pi^2}, \qquad \ell = 1, \ldots, n \tag{5.20}$$

とおいた.また,$f_{\mathrm{OCV}}(\cdot)$ は,SOC-OCV 特性を表す非線形関数である.

5.4.2 カウエル型回路を用いた電池モデル

n 次のカウエル型回路を用いてワールブルグインピーダンスを近似した場合の電池の等価回路モデルを,図 5.21 に示す.図の等価回路モデルで,時刻 t での状態変数 $\boldsymbol{x} \in \Re^{n+2}$ を

$$\boldsymbol{x}(t) = [\begin{array}{ccccc} \mathrm{SOC}(t) & v_{dl}(t) & v_n(t) & \cdots & v_1(t) \end{array}]^\top \tag{5.21}$$

として,入力 $u(t) = i(t)$,出力 $y(t) = v(t)$ とする.ただし,$v_{dl}(t), v_1(t), \ldots, v_n(t)$ はそれぞれ添字に対応したコンデンサでの電圧降下,$i(t)$ は回路全体を流れる電流,$v(t)$ は回路全体の電圧降下である.

このとき,図 5.21 の等価回路モデルの状態空間表現は,

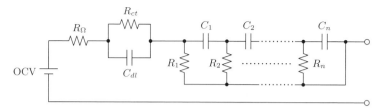

図5.21 ワールブルグインピーダンス Z_w として n 次のカウエル型回路を用いた電池モデル

$$\frac{\mathrm{d}}{\mathrm{d}t}\boldsymbol{x}(t) = \boldsymbol{A}\boldsymbol{x}(t) + \boldsymbol{b}u(t) \tag{5.22}$$

$$y(t) = f_{\mathrm{OCV}}(\mathrm{SOC}(t)) + \boldsymbol{c}^\top \boldsymbol{x}(t) + R_0 u(t) \tag{5.23}$$

となる.ただし,

$$\boldsymbol{A} = \mathrm{diag}\left(\begin{array}{ccc} 0 & -\dfrac{1}{C_{dl}R_{ct}} & -\boldsymbol{U}\boldsymbol{D} \end{array}\right) \tag{5.24}$$

$$\boldsymbol{b} = \left[\begin{array}{ccccc} \dfrac{1}{\mathrm{FCC}} & \dfrac{1}{C_{dl}} & \dfrac{1}{C_n} & \cdots & \dfrac{1}{C_1} \end{array}\right]^\top \tag{5.25}$$

$$\boldsymbol{c} = \left[\begin{array}{ccccc} 0 & 1 & 1 & \cdots & 1 \end{array}\right]^\top \tag{5.26}$$

であり,

$$\boldsymbol{U} = \begin{bmatrix} \dfrac{1}{C_n} & \dfrac{1}{C_n} & \dfrac{1}{C_n} & \cdots & \dfrac{1}{C_n} \\ 0 & \dfrac{1}{C_{n-1}} & \dfrac{1}{C_{n-1}} & \cdots & \dfrac{1}{C_{n-1}} \\ 0 & 0 & \dfrac{1}{C_{n-2}} & \cdots & \dfrac{1}{C_{n-2}} \\ \vdots & \vdots & \ddots & \ddots & \vdots \\ 0 & \cdots & \cdots & 0 & \dfrac{1}{C_1} \end{bmatrix}$$

$$\boldsymbol{D} = \begin{bmatrix} \dfrac{1}{R_n} & 0 & \cdots & \cdots & 0 \\ \dfrac{1}{R_{n-1}} & \dfrac{1}{R_{n-1}} & 0 & \cdots & 0 \\ \vdots & \vdots & \ddots & \ddots & \vdots \\ \dfrac{1}{R_2} & \cdots & \cdots & \dfrac{1}{R_2} & 0 \\ \dfrac{1}{R_1} & \cdots & \cdots & \cdots & \dfrac{1}{R_1} \end{bmatrix}$$

とおいた.

5.4.3 物理現象を考慮した電池モデルの利点

フォスター型回路とカウエル型回路を用いた電池モデルを解説したが，これらの物理現象を考慮した電池モデルの利点についてまとめると，以下の2点である．

(1) 物理的（電気化学的）な意味づけがしやすい
(2) パラメータの数が少ない

一つ目について，ワールブルグインピーダンスというリチウムイオンの拡散現象を表すインピーダンスを用いているので，たとえばパラメータを推定した際にその妥当性について，電気化学的な側面から検証することができる．また，温度や劣化によるパラメータの変化も電気化学的な知見を用いて検証することが可能になる．

二つ目について，図5.20の等価回路モデルのパラメータをそれぞれ推定しようとすると，$2n+2$個の抵抗とコンデンサ，満充電容量を推定しなければならないが，このモデルでは高々4個（R_0, R_d, C_d, FCC）を推定すればよい．

5.4.4 今後の課題

物理現象を考慮した電池モデルでは，拡散過程を表現するためにワールブルグインピーダンスを用いた．しかし，電極反応過程については単純な1組のRC並列回路として扱った．そのような等価回路モデルで現象を良く記述できることも多いが，より詳細に表す必要がある場合，どのようなモデルを用いるかが課題となる．

この課題に対する解決策として，ブラックボックス的な考え方に従ってRC並列回路の数を増やす方法や，電気二重層容量 C_{dl} に替えて **CPE**（constant phase element）と呼ばれる仮想的な回路素子を用いる方法などが考えられる．以下では，CPEについて簡単に説明しておこう．

CPEとは，そのインピーダンスが，

$$Z_{\mathrm{CPE}} = \frac{1}{Qs^n} \tag{5.27}$$

と表されるような仮想的な回路素子である[2]．ただし，$0 \leq n \leq 1$である．CPEは，その名前のとおり，位相が $(-90 \times n)$ 度の一定値をとる回路素子である．$n=1$であればコンデンサと等価であり，$n=0$であれば抵抗と等価である．

このCPEを用いて，電荷移動抵抗 R との並列回路を構成すると，そのボード線図

と複素インピーダンス軌跡は，それぞれ図 5.22 と図 5.23 のようになる．RC 並列回路の場合と比べて，複素インピーダンス軌跡の半円が n の大きさに応じてつぶれているのが，CPE の影響である．実際の電池でも，このように複素インピーダンス軌跡上でつぶれた半円となる現象が確認されている．その原因については今も議論が続いているが，電池の電極表面のさまざまな不均一性が電気二重層を変質させていると考えられている．たとえば，電極表面の凸凹や反応速度のばらつきが不均一性を引き起こすと言われている．

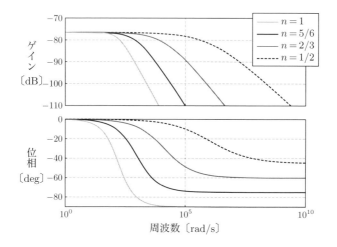

図 5.22　電荷移動抵抗 R と CPE 並列回路のボード線図

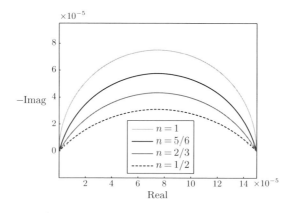

図 5.23　電荷移動抵抗 R と CPE 並列回路の複素インピーダンス軌跡

式 (5.27) より，CPE もワールブルグインピーダンスと同じ非整数階積分の一種であり，一般に分布定数回路で表すことができる．

5.5　連続時間システム同定の電池への応用

実際に物理現象を考慮した電池モデルを活用するためには，モデルに含まれるパラメータの値を具体的に定める必要がある．しかし，対象とする電池に関する知見から，これらのパラメータが得られることはほとんどない．そこで，4.4.4 項で説明した連続時間システム同定法を使って実験データからこれらのパラメータを推定する方法を，EV に搭載されたリチウムイオン電池のシステム同定を模した数値例を通して説明しよう．

ここでは，図 5.20 に示した構造を持ち，式 (5.14) 〜 (5.20) で記述されるフォスター型回路を用いた電池モデルを採用し，入出力データからモデルパラメータを推定する．ただし，推定するパラメータは

$$\boldsymbol{\theta} = \begin{bmatrix} R_0 & R_d & C_d & \text{FCC} & \text{SOC}_0 \end{bmatrix}^\top \tag{5.28}$$

とする．このうち SOC_0 は時刻 0 における SOC であり，通常の実験データにおいて，SOC 初期値の正確な値は明らかではないことから推定値に含めた．

また，SOC-OCV 特性は事前に実験によって得られているものとし，f_OCV は既知とする．この例では式 (5.3) で記述される f_OCV を用いることにし，式中の係数としては，実際の電池の SOC-OCV 特性に適合するように設定した表 5.2 の値を用いた[4]．

表 5.2　SOC-OCV 特性の数値例

パラメータ	数　値
E_0	4.14 V
k_1	0.237 V
k_2	-5.16×10^{-2} V
k_3	1.05×10^{-3} V^{-1}
k_4	0.183 V
OCV_min	2.6 V
OCV_max	4.2 V

さて，式(5.3)はSOC → 0％およびSOC → 100％で発散し，実用上は問題が生じる．そこで，ここではSOCが2％以下と98％以上の領域では，線形外挿で値を定義することにし，

$$f_{\mathrm{OCV}}(\mathrm{SOC}) = \begin{cases} f_{\mathrm{OCV}}(2\,\%) + f'_{\mathrm{OCV}}(2\,\%) \cdot (\mathrm{SOC} - 2\,\%) \\ \hspace{4cm} (\mathrm{SOC} < 2\,\%) \\ E_0 + k_1 \ln(\mathrm{SOC}) + k_2 \ln(1 - \mathrm{SOC}) - \dfrac{k_3}{\mathrm{SOC}} - k_4 \mathrm{SOC} \\ \hspace{4cm} (2\,\% \leq \mathrm{SOC} \leq 98\,\%) \\ f_{\mathrm{OCV}}(98\,\%) + f'_{\mathrm{OCV}}(98\,\%) \cdot (\mathrm{SOC} - 98\,\%) \\ \hspace{4cm} (\mathrm{SOC} > 98\,\%) \end{cases} \tag{5.29}$$

と定める[5]．この式と表5.2の値を用いてSOC-OCV線図を描くと，図5.2のようになる．

5.5.1　入出力データの生成

次に，数値例で用いる入出力データについて説明する．ここでは実際に電池を使った実験を行う代わりに，モデルと同様の式(5.14)〜(5.20)で記述されるフォスター型回路を用いた電池モデルの入出力データを用いる．また，対象とする EV 用のリチウムイオン電池のパラメータを表5.3のように設定する．ただし，満充電容量の単位 Ah は電荷量の単位であり，1 Ah = 3600 C である．

また，電流波形として，

$$u(t) = 40 f_{\mathrm{saw}}\left(\sqrt{2}\,t\right) + 10 \sin t - 18 \tag{5.30}$$

を用いる．ここで，$f_{\mathrm{saw}}(\cdot)$ は -1 と 1 にピークを持つ周期 2π のノコギリ波である[6]．この電流波形2時間分を電池モデルに入力して得られた入出力データと SOC

---

[5]. 一見，SOC が 0％より小さい領域と 100％より大きい領域は不要に思えるが，SOCの推定値はサンプリング間隔の大きさや各種の雑音により，これらの領域に到達する場合がある．また，第6章で UKF を用いる際にも，シグマポイントがこれらの領域に生成される場合がある．線形外挿による定義は，EKFやUKFによる推定において 0％〜100％ の外側の領域で事後確率を漸減させ，推定値を 0％〜100％ の範囲内に誘導する効果がある．

[6]. MATLAB の Signal Processing Toolbox には，ノコギリ波を出力する関数 sawtooth が用意されている．

表5.3　EV用リチウムイオン電池でのパラメータの例

パラメータ	数　値
FCC	40.0 Ah
R_0	0.450 mΩ
R_d	0.500 mΩ
C_d	82.0 kF

の真値を図5.24に，その最初の1分間を図5.25にそれぞれ示す．ただし，初期SOCを95％とした．

図5.24の信号を1秒の周期でサンプリングしたデータに対して，電流センサの測定雑音として，平均値0 A，標準偏差100 mAの正規性白色雑音を，電圧センサの測定雑音として，平均値0 V，標準偏差10 mVの正規性白色雑音をそれぞれ加えて観測データとした．

これらの入出力データを得るMATLABコードは，以下のようになる．

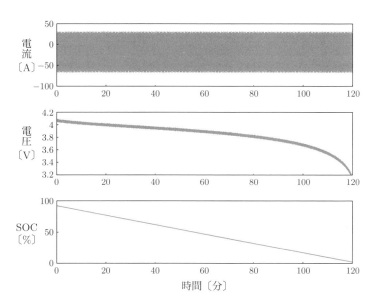

図5.24　入出力データとSOC

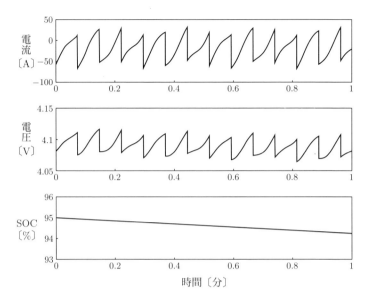

図 5.25　入出力データと SOC（最初の 1 分間）

MATLAB List 5.1： 数値実験用入出力データの生成 [ex_batt.m]

```
%% 仮想的な実験データの作成
% ここではモデルを用いて仮想的な実験データを生成する．
% 時刻
Te = 2*3600; % 実験終了時刻 [sec]
Ts = 1;      % サンプリング周期 [sec]
t  = (0:Ts:Te);
N  = length(t);
% 入力（電流）の設定
u = 40*sawtooth(t*sqrt(2))+10*sin(t)-18;
% 出力（電圧）の生成
SOC0 = 95;        % 初期SOC[%]
FCC  = 40*3600;   % 満充電容量 [C]
R0   = 0.450e-3;  % 直達抵抗 [ohm]
Rd   = 0.500e-3;  % 拡散抵抗 [ohm]
Cd   = 82000;     % 拡散容量 [F]
th0  = [R0, Rd, Cd, FCC];
Nd   = 3;         % フォスター型回路の近似次数
[ f, h, A, C, ymodel ] = batterymodel_foster(Nd);
```

5.5 連続時間システム同定の電池への応用

```
% シミュレーション
[y0,x] = ymodel(u,t,th0,[SOC0; zeros(Nd,1)]);
SOC = x(1,:);
% 実験で得られる誤差を含むサンプル値を模擬
um = u + randn(1,N) * 0.1;   % 電流センサの誤差
ym = y0 + randn(1,N) * 0.01; % 電圧センサの誤差
% 図を出力
figure(3), hold on
subplot(3,1,1); plot(t/60,u)
ylabel('Current [A]'), xlim([0 Te/60]), ylim([-100 50])
subplot(3,1,2); plot(t/60,y0)
ylabel('Voltage [V]'), xlim([0 Te/60]), ylim([3.2 4.2])
subplot(3,1,3); plot(t/60,SOC)
ylabel('SOC [%]'),     xlim([0 Te/60]), ylim([0 100])
xlabel('Time [min]'),
```

ここで用いられている関数 batterymodel_foster は，フォスター型回路で表した電池モデルを構築する関数であり，以下のように記述される．

MATLAB List 5.2：フォスター型回路で表した電池モデルを構築する関数
[batterymodel_foster.m]

```
function [ f, h, A, C, ymodel ] = batterymodel_foster(Nd)
  % BATTERYMODEL_FOSTER フォスター型回路で表した電池モデルを構築
  %   [ f, h, A, C, yhat ] = batterymodel_foster(Nd)
  % 引数
  %   Nd: 近似次数

  n = 1:Nd;

  % パラメータベクトルと物理定数の関連づけ
  R0 = @(th) th(1); Rd  = @(th) th(2);
  Cd = @(th) th(3); FCC = @(th) th(4);

  A = @(th) blkdiag(0, -pi^2/4 * diag((2*n-1).^2)/Rd(th)/Cd(th));
  B = @(th) [100/FCC(th); 2*ones(Nd,1)/Cd(th)];

  f = @(x, u, th) A(th)*x + B(th)*u;
  h = @(x, u, th) SOC2OCV(x(1,:))+[0,ones(1,Nd)]*x+R0(th)*u;
```

```
  % SOCに関するヤコビアンについては数値微分を用いる
  C = @(x) [numdiff(@SOC2OCV,x(1)), ones(1,Nd)];

  % yhat: 出力予測を行う関数
  function [y,x] = proto_ymodel(u, t, th,x0)
    x = lsim(ss(A(th),B(th),eye(Nd+1),0),u, t, x0, 'zoh')';
    y = h(x,u,th);
  end
  ymodel = @proto_ymodel;
end
```

batterymodel_foster は引数 Nd で指定された次数のフォスター型回路で表した電池モデルを構築し，その状態方程式や出力予測関数などを返す．なお，batterymodel_foster で計算しているヤコビアン A および C は，第6章の状態推定で用いるためのものである．ここで用いた数値微分を行う関数 numdiff を以下に示す．

MATLAB List 5.3: 偏微分の数値的な計算 [numdiff.m]

```
function [ dfdx ] = numdiff( f, x )
  % NUMDIFF 数値微分の計算（簡易版）
  % [ dfdx ] = numdiff( f,x )
  % 関数 f の x における勾配を数値的に求める
  n = length(x);
  h = eye(n) * 1e-5;   % 数値微分に用いる微少刻み
  dfdx = arrayfun( @(k) (f(x+h(:,k)) - f(x-h(:,k))) ...
       / (2*h(k,k)), 1:n);
end
```

また，SOC2OCV 関数は式 (5.29) の $f_{\mathrm{OCV}}(\mathrm{SOC})$ を実装するものであり，以下のよう定義される．

MATLAB List 5.4: SOC-OCV 特性の簡易モデル [SOC2OCV.m]

```
function ocv=SOC2OCV(SOC)
  % SOC2OCV SOC-OCV 特性のモデル
  % SOC-OCV 特性の簡易モデル

  % 係数の設定
  E0 = 4.14;
```

```
  K1 = 0.237; K2 = -0.0516; K3 = 1.05e-3; K4 = 0.183;

  model = @(soc) E0 + K1.*log(soc/100) + K2.*log(1-soc/100) ...
    - K3./soc*100 - K4.*soc/100;
  ocv = model(SOC);

  % SOC→0% および SOC→100% で計算式が発散するので
  % SOC<2% および SOC>98% では線形外挿に切り替える
  ocv(SOC>98) = numdiff(model,98)*(SOC(SOC>98)-98) + model(98);
  ocv(SOC <2) = numdiff(model, 2)*(SOC(SOC<2 )- 2) + model( 2);
end
```

5.5.2 パラメータ推定

このデータに基づき，連続時間システム同定によってモデルパラメータを推定する．ここでは，出力誤差法のアプローチで，汎用の最適化アルゴリズムを利用してモデルパラメータの推定を行う．これを行うMATLABコードは以下のようになる．

MATLAB List 5.5：電池の連続時間システム同定（List 5.1のつづき）
              [ex_batt.m]

```
%% 連続時間システム同定
% th = [R0, Rd, Cd, FCC, SOC0]' をパラメータとするモデルを作成
yhat = @(th) ymodel(um,t,th(1:4),[th(5); zeros(Nd,1)]);
% 初期推定値
thhat0 = [1e-3, 1e-3, 1e5, 30*3600, 80];
% 出力誤差の最小化によるパラメータ推定
thhat = lsqnonlin(...
        @(th) ym-yhat(th.*thhat0), thhat0./thhat0, [], [],...
           optimoptions(@lsqnonlin, 'Display', 'iter',...
             'Algorithm', 'levenberg-marquardt')) .* thhat0

% % 下記のコードはNelder-Mead法を利用する．
% % Optimization Toolbox がなくても動作するが遅い．
% thhat = fminsearch(...
%           @(th) sum((ym-yhat(th.*thhat0)).^2), thhat0./thhat0,...
%           optimset('Display','iter')).*thhat0
```

ここでは，レーベンバーグ＝マーカート法を用いて出力予測誤差の最小化を行い，パラメータ推定値を求めた．この最適化問題は線形性や凸性を持たないために，多くの最適化アルゴリズムにおいて，パラメータの初期推定値が必要になり，初期推定値近くの局所最適解が得られる．また，求めるパラメータのオーダーが大きく異なるので，パラメータの初期推定値をもとに正規化したパラメータについて最適化を行うことで，収束判定の不具合や数値的な問題を回避している．ここで用いた初期推定値と得られた推定値の例，パラメータの真値を表5.4にまとめる．表に示された結果から，真値と離れた初期推定値をもとにして，真値に近い推定値が得られていることが確認できる．

このように，連続時間システム同定法を用いることで，実験で得られた入出力データから物理現象を考慮した電池モデルのパラメータを定めることができる．また，得られるパラメータはFCC（SOH）や電池の電気化学的な特性を反映したパラメータであり，電池を分析する上で有用性が高い．

表5.4　連続時間システム同定で得られたパラメータ推定値の例

パラメータ	真値	初期推定値	推定値
FCC	1.44×10^5 C	1.08×10^5 C	1.44×10^5 C
R_0	$0.450\,\mathrm{m\Omega}$	$1.000\,\mathrm{m\Omega}$	$0.489\,\mathrm{m\Omega}$
R_d	$0.500\,\mathrm{m\Omega}$	$1.000\,\mathrm{m\Omega}$	$0.499\,\mathrm{m\Omega}$
C_d	$82.0\,\mathrm{kF}$	$100.0\,\mathrm{kF}$	$90.1\,\mathrm{kF}$
SOC_0	$95.0\,\%$	$80.0\,\%$	$95.0\,\%$

5.6　付録：ファラデーインピーダンスの展開

ここでは，発展的な内容として，ファラデーインピーダンス Z_f から電荷移動抵抗 R_{ct} とワールブルグインピーダンス Z_w を導出する過程を説明する[2][5]．

5.6.1　電荷移動抵抗の導出

電極表面（拡散領域の始点）では，拡散の流束と電荷移動速度が等しいので，

$$ka_s = -J_s \tag{5.31}$$

が成り立つ．ただし，J_s は電極表面での拡散の流束，すなわちイオンの流れる速度，a_s は電極表面でのイオンの濃度であり，k は反応速度定数である．ここで，流束 J_s と電流 I との間に，

$$J_s = -\frac{I}{zF} \tag{5.32}$$

が成り立つ．ただし，z はイオン価（リチウムイオンは +1），F はファラデー定数である．また，反応速度定数 k と電極表面の電位 E との間に，

$$k = k_0 \exp(bE) \tag{5.33}$$

が成り立つ．ただし，b はターフェル係数〔V^{-1}〕であり，

$$b = \alpha \frac{zF}{RT} \tag{5.34}$$

で定義される．ただし，R は気体定数，T は絶対温度，α は移動係数である．

求めたいファラデーインピーダンスは，ある基準電位 E_0 と基準電流 I_0 まわりの微小電流 ΔI から微小電位差 ΔE までの伝達関数なので，式 (5.31)〜(5.33) の両辺をそれぞれ微分すると，

$$a_s \Delta k + k \Delta a_s = -\Delta J_s \tag{5.35}$$

が得られる．ただし，

$$\Delta J_s = -\frac{\Delta I}{zF}, \qquad \Delta k = bk\Delta E \tag{5.36}$$

とおいた．式 (5.35)，(5.36) より，ファラデーインピーダンスは，

$$Z_f = \frac{\Delta E}{\Delta I} = \frac{1}{bzFa_sk} + \frac{k}{bzFa_sk}\frac{\Delta a_s}{\Delta J_s} \tag{5.37}$$

$$= \frac{1}{bI} + \frac{k}{bI}\frac{\Delta a_s}{\Delta J_s} \tag{5.38}$$

と表される．ただし，

$$I = zFka_s \tag{5.39}$$

であることを用いた．式 (5.38) の右辺第1項が，電荷移動抵抗 R_{ct} にほかならない．すなわち，式 (5.38) は次のように書き換えることができる．

$$Z_f = R_{ct} + \frac{k}{bI}\frac{\Delta a_s}{\Delta J_s} \tag{5.40}$$

5.6.2　ワールブルグインピーダンスの導出

イオンの拡散に由来するワールブルグインピーダンスを導出する．これは式 (5.40) の右辺第2項に相当し，電極表面での流束 ΔJ_s からイオンの濃度 Δa_s までの伝達関数を求める．

フィックの第2法則，すなわち，

$$\frac{\partial a(x,t)}{\partial t} = D\frac{\partial^2 a(x,t)}{\partial x^2} \tag{5.41}$$

という拡散方程式を考える．ここで，a はイオンの実効濃度（活度），D は拡散係数であり，

$$D = \frac{RT}{zF}\mu_i = \frac{k_B T}{e}\mu_i \tag{5.42}$$

である．ただし，気体定数 R，絶対温度 T，ボルツマン定数 k_B，素電荷 e，イオン移動度 μ_i である．拡散方程式 (5.41) をラプラス変換すると，

$$sA(x,s) = D\frac{\partial^2 A(x,s)}{\partial x^2} \tag{5.43}$$

が得られる．ただし，

$$A(x,s) = \mathcal{L}[a(x,t)] \tag{5.44}$$

である．この x についての微分方程式の解は，

$$A(x,s) = C_1 e^{\lambda x} + C_2 e^{-\lambda x} \tag{5.45}$$

となる．ただし，C_1, C_2 は定数であり，

$$\lambda = \sqrt{\frac{s}{D}} \tag{5.46}$$

である．また，フィックの第1法則より，拡散過程内の流束は，

$$J(x,s) = -D\frac{\partial A(x,s)}{\partial x} = -\sqrt{sD}\left(C_1 e^{\lambda x} - C_2 e^{-\lambda x}\right) \tag{5.47}$$

となる．ここで，拡散領域（イオンの拡散が支配的な領域）の厚み δ が有限であると仮定すると，拡散領域の末端（$x = \delta$）において濃度変化がなくなることになる．これを境界条件として，

$$\left.\frac{\partial a(x,t)}{\partial t}\right|_{x=\delta} = 0 \quad \Leftrightarrow \quad A(\delta, s) = 0 \tag{5.48}$$

とする．この条件のもとで，

$$A(x,s) = -2C_2 e^{-\lambda\delta} \sinh\lambda(x - \delta) \tag{5.49}$$

$$J(x,s) = 2C_2\sqrt{sD} e^{-\lambda\delta} \cosh\lambda(x - \delta) \tag{5.50}$$

が求められる．以上より，拡散領域の始端（$x = 0$）において，流束から濃度までの伝達関数は，

$$\frac{\Delta a_s}{\Delta J_s} = \frac{A(0,s)}{J(0,s)} = \frac{1}{\sqrt{sD}} \tanh\left(\delta\sqrt{\frac{s}{D}}\right) \tag{5.51}$$

となる．最後に，式 (5.51) を式 (5.40) に代入すると，

$$\frac{\Delta E}{\Delta I} = R_{ct} + \frac{k}{bI}\frac{1}{\sqrt{sD}} \tanh\left(\delta\sqrt{\frac{s}{D}}\right) \tag{5.52}$$

となるので，最終的にファラデーインピーダンスは，

$$Z_f(s) = R_{ct} + \frac{R_d}{\sqrt{\tau_d s}} \tanh\sqrt{\tau_d s} \tag{5.53}$$

となる．この式の右辺第2項がワールブルグインピーダンスである．ただし，R_d と τ_d を

$$R_d = \frac{k}{bI}\frac{\delta}{D}, \quad \tau_d = \frac{\delta^2}{D} \tag{5.54}$$

とおいた．

なお，拡散層が厚いと仮定すると，条件は

$$\left.\frac{\partial a(x,t)}{\partial t}\right|_{x=\infty} = 0 \quad \Leftrightarrow \quad A(\infty, s) = 0 \tag{5.55}$$

と書け，拡散領域の始端（$x=0$）において，流束から濃度までの伝達関数は

$$\frac{A(0,s)}{J(0,s)} = \frac{1}{\sqrt{sD}} \tag{5.56}$$

と書ける．

参考文献

[1] J. E. B. Randles: "Kinetics of rapid electrode reactions", *Discuss. Faraday Soc.*, Vol.1, pp.11–19 (1947)

[2] 板垣昌幸：電気化学インピーダンス法 第2版――原理・測定・解析，丸善出版 (2011)

[3] 真鍋舜治：非整数階積分形制御系について，電気学会雑誌，80，5，pp.589–597 (1960)

[4] 馬場・足立：対数化 UKF を用いたリチウムイオン電池の状態とパラメータの同時推定，電気学会論文誌 (D)，133，12，pp.1139–1147 (2013)

[5] E. Barsoukov and J. R. Macdonald: *Impedance Spectroscopy: Theory, Experiment, and Applications* (2nd Edition), Wiley (2005)

第6章 電池の状態推定

バッテリマネジメントシステム（BMS）の中で中心的課題となるのが，電池の状態推定である．本章では，電池の状態推定，すなわち，充電率（SOC），健全度（SOH），充放電可能電力（SOP）などの推定について詳しく述べる．特に，SOC推定については，その具体的な方法論も交えて解説する．

6.1 電池の状態推定

第1章や第3章で述べたように，高電圧や大容量を得るために，複数個の電池（セル）を直列や並列に接続して組電池（バッテリ）として利用することが多い．BMSでは，このような組電池に対して，セル単位ではなく組電池全体をまとめて状態推定することが一般的である．その場合，セルの品質のばらつきや組電池の温度分布，セルの故障などを考慮する必要があるが，ここでは話を簡単にするため，組電池内のセルが均一であることを前提にして，セルに対する基本的な状態推定について解説する．

6.1.1 SOC の推定法

SOC の推定法は，次の五つに分類できる．

❖ Point 6.1 ❖　SOC の推定法
(1) 放電試験による SOC 測定
(2) 端子電圧の測定に基づく SOC 推定
(3) OCV の測定に基づく SOC 推定
(4) 電流積算法による SOC 推定
(5) モデルに基づく SOC 推定

それぞれについて以下で説明していこう．

[1] 放電試験によるSOC測定

電池を放電試験してSOCを計測する方法である．ある充電状態からSOCが0％まで一定電流で放電し，その際に放電した電荷量を後述の電流積算法によって求める．一定電流による放電試験を伴うので，この方法では逐次的にSOCを推定することはできない．

[2] 端子電圧の測定に基づくSOC推定

端子電圧とSOCの関係を用いて，測定した端子電圧からSOCを算出する方法である．端子電圧とSOCの関係は電流の履歴や電池温度などによって変化するため，図6.1のように異なるCレート[1]のもとで，あるいは図6.2のように異なる電池温度のもとで充放電実験を行って測定したデータを，テーブルの形で用意して参照する．あらかじめ想定した使用条件とユーザーによる使用条件がさほど異ならない場合に有用な方法である．モバイル端末用の電池では，この方法が使われていることが多い．

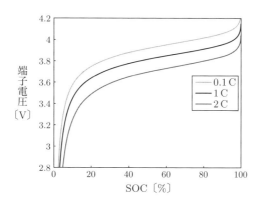

図6.1　Cレートごとの端子電圧とSOCの関係

---

[1]. Cレートとは，電池容量に対する相対的な電流の大きさであり，1Cは1時間で電池を完全放電させる電流の大きさである．

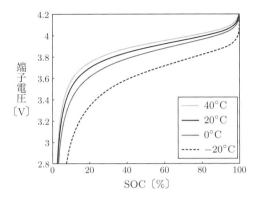

図6.2 電池温度ごとの端子電圧とSOCの関係

[3] OCVの測定に基づくSOC推定

OCVとSOCの関係を用いてSOCを算出する方法である．第1章で述べたように，OCVは端子電流が0の状態で自己放電しない程度に長時間放置したときの電極間の電位差である[2]．第2章で述べたように，OCVとSOCの間には，図6.3に示すようなSOC-OCV特性と呼ばれる非線形な関係がある．SOC-OCV特性は，電池の劣化などによってほとんど変化しないことが知られているので，これを用いれば

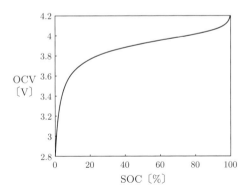

図6.3 SOC-OCV特性の一例

---

[2] OCVの定義は，電池が外部回路から切り離されて十分時間がたち，電池内部の電気化学反応が平衡状態となったときの正極と負極の電位差である．

OCVからSOCを求めることができる．しかし，OCVを測定するためには，電池の使用後十分な時間を経て平衡状態になるのを待ってから，端子電圧を測る必要がある．そのため，たとえば電気自動車（EV）やハイブリッド自動車（HEV）のように継続的に充放電を繰り返すような使い方では，次のような特殊な場合を除いてこの方法は利用されない．

(1) 電流が大きくない状態が継続している，すなわち，近似的に平衡状態になっている場合
(2) 十分長い時間，充放電が行われなかった場合

いずれの場合も，次の電流積算法の初期値を算出するための方法として用いられる．

[4] 電流積算法によるSOC推定

電流積算法（クーロンカウント（Coulomb counting）法やアンペアアワーカウント（ampere-hour counting）法とも呼ばれる）は，広く実用化されている最も一般的なSOC推定法である．

電流積算法は，第1章で説明した図6.4（これは図1.21と同じものである）に示すタンクモデルの考え方をもとにしている．タンクに出し入れする水の量を積算することにより，タンク内に残っている水の量を求める．たとえば，容積10リットルのタンク内に水が50％入っていたところに，0.01リットル/秒で60秒間注水すれば，タンク内の水は

$$50 + \frac{0.01 \times 60}{10} \times 100 = 56\% \tag{6.1}$$

になる．

同様のことが電池のSOCについても成り立つ．電流積算法では，電流を積算することにより，電池に出入りする電荷量を求める．この方法では，電荷 q は，

$$q(t) = \int_{t_0}^{t} i(\tau)\,d\tau \tag{6.2}$$

を満たすことを利用する．ただし，$i(t)$ は，充電する方向を正とした，時刻 t 秒における充放電時の電流である．また，t_0 秒は推定開始時刻である．

電池の総電荷量，すなわち電池の満充電容量で，現在の電荷量を割れば，SOCが求められる．すなわち，時刻 t 秒におけるSOCは，

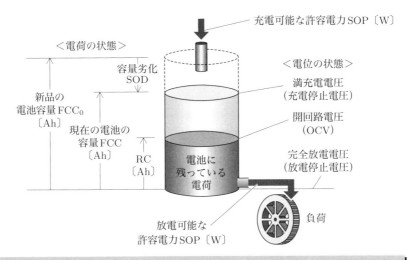

図 6.4 電池のタンクモデル

$$\mathrm{SOC}(t) = \mathrm{SOC}(t_0) + \frac{1}{\mathrm{FCC}} \int_{t_0}^{t} i(\tau)\,\mathrm{d}\tau \tag{6.3}$$

と表される．ただし，FCC は電池の満充電容量で，単位は C（クーロン）である．$\mathrm{SOC}(t_0)$ は時刻 t_0 秒における SOC である．なお，ここでは SOC を無次元量としたが，これに 100 をかけて百分率として表記することが多い．そこで，本章では，数式中では無次元量として扱うが，図中などではわかりやすさを重視して百分率で表記する．

電流積算法は簡単で強力な SOC 推定法であるが，以下のような問題点がある．

(1) 積算の初期値の誤差

積算の初期値（初期 SOC）に誤差があると，それを修正できず，オフセットを持つ推定値になる．

(2) 電流センサの誤差の積算

電流センサの誤差があると，それを積算していくことになり，推定値がドリフ

トする．

(3) 電池の劣化による誤差

電池が劣化すると満充電容量が減少することになり，誤差が生じる．

(4) 自己放電による誤差

電池の内部で電荷が消費される現象を自己放電という．電池に出入りする電流を計測するだけの電流積算法では，自己放電を計測することができない．

いずれも，何らかのフィードバックによる補正がないために生じる問題点である．

これらの問題点のうちどれが大きな問題となるかは，電池の材料やセンサなどの条件によって変わってくる．たとえば，電流センサの誤差が同程度であれば，電池の満充電容量が小さいほうが大きな問題になることは，式(6.3)から容易にわかるだろう．

[5] モデルに基づくSOC推定

電圧の測定に基づく推定法や電流積算法の欠点を解決するために盛んに研究・開発されているのが，**モデルに基づく推定法**（model-based estimation; MBE）である．

まず，モデルに基づく推定法の考え方を説明しよう．

OCVの測定に基づく方法では，SOC-OCV特性が電池の劣化などによって変化しないことを利用した．しかし，OCVを得るために電池の使用後長時間待たなければならないという問題点があった．このOCVを電池の使用中にも推定することができれば，SOC-OCV特性を用いてSOCの推定が可能になる．この課題に対する解決策として，モデルに基づく推定が考えられている．

OCV推定のために用いられるモデルの多くは，電池の端子電圧 $y(t)$ を

$$y(t) = \text{OCV}(t) + \eta(t) \tag{6.4}$$

のように表す．ただし，$\eta(t)$ は時刻 t における電池の内部インピーダンス Z による電圧降下であり，過電圧と呼ばれる．これを等価回路で表すと，図6.5のようになる．

内部インピーダンス Z が利用できれば，過電圧を計算することができ，そこから

$$\text{OCV}(t) = y(t) - \eta(t) \tag{6.5}$$

を計算することにより，OCVが推定できる．内部インピーダンス Z は，電流を入力，過電圧 $\eta(t)$ を出力としたシステムとして記述できるので，モデルに基づく推定

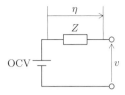

図6.5 モデルに基づく推定法で用いられる等価回路モデル

を適用することで，電流と電圧の両方の測定値を用いた，より高度な推定が可能となる．このような，モデルに基づく SOC 推定では，内部インピーダンス Z を正確に記述することが，SOC の推定精度向上につながる．

モデルに基づく推定法の基本的な構成を図6.6に示す．まず，電流や温度などを入力，端子電圧を出力とした**電池モデル**を用いて端子電圧の推定値を算出する．一方，**推定ロジック**では，端子電圧の推定値と測定値の差を小さくするような SOC や SOH の推定値を算出するとともに，次の時刻以降の推定がより良くなるように，電池モデルに対してフィードバック機構を導入する．このように，電流や端子電圧，温度といった測定可能な量を二つ以上用いることで，電流積算法などではできなかったフィードバックによる補正が実現できる．逐次的な方法であるので，テーブルデータの記録用メモリやそのデータを取得するための事前実験は少なくて済むが，数値計算量は増える．マイクロプロセッサやディジタルシグナルプロセッサ（digital signal processor; DSP）など，昨今の目覚ましい演算能力向上によって実用化されている方法である．モデルに基づく推定法については，6.2節でさらに詳しく述べる．

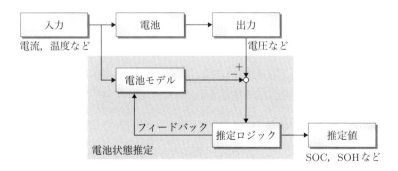

図6.6 モデルに基づく推定法

6.1.2 SOHの推定法

SOH の推定法は，次の四つに分類できる．

> ♣ Point 6.2 ♣　　SOH の推定法
> (1) 完全充放電を用いた容量計測による SOH 推定
> (2) 内部抵抗からのテーブルルックアップによる SOH 推定
> (3) Bookkeeping による SOH 推定
> (4) モデルに基づく SOH 推定

それぞれについて以下で説明していこう．

[1] 完全充放電を用いた容量計測による SOH 推定

電池を完全充放電して，現在の満充電容量を測る方法である．ここで，完全充放電とは，一度電池を満充電（SOC 100％）まで充電したあとで，SOC が 0％ になるまで放電することをいう．放電する際に電流積算法を用いて満充電容量を求め，初期満充電容量で除算して SOH を求めることができる．電池を完全充放電する必要があるため，測定するタイミングが限られることと，測定に長い時間がかかることが欠点である．

[2] 内部抵抗からのテーブルルックアップによる SOH 推定

一般に，電池が劣化するにつれて内部抵抗が増加していく．そこで，SOH と内部抵抗の関係をあらかじめ取得してテーブル化し，現在の内部抵抗からテーブルルックアップで SOH を求める方法である．SOH と内部抵抗の関係を事前の実験によって求める必要があり，その精度が SOH 推定精度に大きく影響する．また，内部抵抗の推定誤差も SOH 推定の誤差要因となり，特に内部抵抗は温度などによっても大きく変化するので，その影響も考慮する必要がある．

[3] Bookkeeping による SOH 推定

Bookkeeping 法[3]とは，実電池の電圧や電流などの出入りを時系列データとして記

---

[3] Bookkeeping とは「簿記」という意味である．

録し，電池の内部状態を推定する方法である．SOC 推定における電流積算法がこれに該当する．SOH 推定の場合は，充放電回数などの充放電履歴や高温暴露時間などの温度履歴，経過年数などの経時履歴を用いる．これらの履歴と SOH の関係をあらかじめ実験で求めてテーブル化し，実際の使用状況をもとにテーブルルックアップすることにより，SOH を推定する．

[4] モデルに基づく SOH 推定

SOC 推定の場合と同様に，SOH 推定においても**モデルに基づく推定法**が考案されている．基本的な構成としては，SOC 推定で用いるモデルの中の特定のパラメータと SOH を関連づけた上で，そのパラメータを推定することによって，SOH を推定する．たとえば，電池の満充電容量を等価回路モデル内のコンデンサの容量で表して，その容量を推定することで，SOH を求めることができる．この方法については，5.5 節で数値例を示した．

ほかにも，SOC 推定用のモデルとは別に SOH 推定専用のモデルを用意して推定する方法がある．たとえば，時定数の長い SOH の推定には，数秒や数分程度の比較的短い周期の入力は必要ないので，SOC 推定の場合よりももっと単純化されたモデルを用いて推定できる可能性がある．また，SOH は緩やかに単調減少するパラメータであることを考慮することもできるだろう．

そのほかに，ファジーロジックやニューラルネットワーク，遺伝的アルゴリズムなどを用いて推定しようとする試みもある．

6.1.3　SOP の推定法

まず，内部抵抗を用いて SOP を定義する．第 1 章で述べたように，SOP は電池から瞬時に出し入れできる最大電力を意味する．言い換えれば，電池から SOP 分の電力を充電あるいは放電したときに，それによって電池の上下限電圧を超えないということである．SOP は充電と放電の場合で異なるので，充電の場合の SOP を充電可能電力 SOP_{in}，放電の場合を放電可能電力 SOP_{out} とする．

I_{in} を最大充電電流，I_{out} を最大放電電流とすると，上下限電圧を超えない充放電電流の最大値は，

$$I_{\text{in}} = \frac{V_{\max} - \text{OCV}}{R} \tag{6.6}$$

$$I_{\text{out}} = \frac{\text{OCV} - V_{\min}}{R} \tag{6.7}$$

のように表すことができる．ただし，$V_{\max}$ は電池の上限電圧，$V_{\min}$ は電池の下限電圧である．また，R は内部インピーダンスの抵抗成分であり，内部抵抗である．これより，電池の SOP$_{\text{in}}$ と SOP$_{\text{out}}$ は，

$$\text{SOP}_{\text{in}} = I_{\text{in}} V \tag{6.8}$$

$$\text{SOP}_{\text{out}} = I_{\text{out}} V \tag{6.9}$$

となる．

以上から，SOP は上下限電圧と端子電圧，OCV，内部抵抗に依存することがわかる．このうち，上下限電圧は設計パラメータとして事前に与えるものであり，端子電圧は測定値である．また，OCV は SOC に依存することから，結局，SOP の推定精度は SOC と内部抵抗の推定精度によって決まることがわかる．SOC 推定についてはすでに述べたので，以下では，SOP 推定精度の決め手となる内部抵抗の推定について見ていこう．

内部抵抗の推定法は次の四つに分類できる．

❖ Point 6.3 ❖　内部抵抗の推定法

(1) I-V 特性（電流電圧特性）からの線形回帰による内部抵抗の推定
(2) ステップ応答からの内部抵抗の推定
(3) インピーダンス計測による内部抵抗の推定
(4) モデルに基づく内部抵抗の推定

それぞれについて以下で説明していこう．

[1] I-V 特性からの線形回帰による内部抵抗の推定

内部インピーダンスが内部抵抗のみで表されると仮定すると，

$$V = \text{OCV} - IR \tag{6.10}$$

であるので，電流 I を横軸，電圧 V を縦軸にプロットしたいわゆる I-V 特性の傾きが内部抵抗 R になる．このことを利用して，ある条件下での電池の電流と電圧を保

存し,線形回帰によって内部抵抗を求めることができる.しかし,内部インピーダンスのリアクタンス成分の影響を無視することになるので,この方法の精度は低い.

[2] ステップ応答からの内部抵抗の推定

電池に一定電流 I を流し続けると,内部インピーダンスによる電圧降下が起き,電池の電圧のステップ応答は,たとえば図6.7のようになる.このとき,所望の時間経過後の電圧降下 η から

$$R = \frac{\eta}{I} \tag{6.11}$$

として,内部抵抗が求められる.図6.7の例では,初期電圧 4 V の電池を一定電流 10 A で放電し,5秒後の電圧降下 $\eta = 13\,\mathrm{mV}$ であるので,内部抵抗は $1.3\,\mathrm{m\Omega}$ となる.

この例では5秒後としているが,電池の使用条件によってこの時間を変える必要がある.この方法には,電流が一定なので線形回帰のような計算が不要であるという利点があるが,そのような一定電流を流す状況があるかどうかが問題となる.

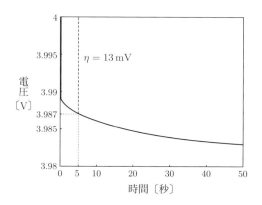

図6.7 電池のステップ応答の一例

[3] インピーダンス計測による内部抵抗の推定

電気化学の分野で一般的に用いられるのが,**インピーダンス計測**である[1].単一周波数の交流電流を流し,そのときのゲインと位相を計測する方法である[4].実

---

[4] 線形システムでは,周波数応答の原理が成り立つことを利用した最もよく用いられる計測法の一つである.

験室レベルで電池の特性を調べる用途では非常に有用だが，EV や HEV などの場合には，駐車されている時間帯に所望の充放電を行って計測するシステムが必要になる．

[4] モデルに基づく内部抵抗の推定

SOC 推定や SOH 推定の場合と同様に，内部抵抗の推定においても**モデルに基づく推定法**が考案されている．基本的な構成は SOH 推定の場合と同じで，SOC 推定で用いるモデルの内部抵抗に相当するパラメータを推定する．

6.1.4 複数の推定法を組み合わせる方法

一般に，一つの推定法だけでは，BMS の要求仕様を満たせないことが多い．たとえばモデルに基づく推定法では，精度の良い推定値が得られるまでに長い収束時間が必要になる場合がある．そのため，推定値が収束するまでの間は，他の何らかの手段によって推定する必要がある．以下では，このような場合に複数の推定法を組み合わせて，より良い推定値を算出する方法について述べる．

最も単純なものとして，条件によって推定法を切り替えるような，ルールベースで組み合わせる方法がある[2]．たとえば，始動時は電流積算法を用い，状態推定器の収束時間を見込んだ所定の時間経過後は状態推定器に切り替えるといったことや，SOC-OCV 特性の傾きが大きい領域では電圧を用いた SOC 推定を行い，傾きが小さい領域では電流積算法を用いるといったことなどが考えられる．そのほかに，電池の温度や SOC，SOH などの条件によって切り替えることも行われている．

また，モデルに基づく推定法と電流積算法を重み付け合成したり[3][4]，電流積算法の推定値をモデルに基づく推定法の推定値でフィードバック補正したり[5]する方法が提案されている．たとえば，図 6.8 に示すような構成が考えられる．モデルに基づく推定法の SOC 推定値を SOC_v，電流積算法による SOC 推定値を SOC_i として，重み付け合成すると，

$$SOC = wSOC_v + (1-w)SOC_i \qquad (6.12)$$

となる．ただし，w（$0 \leq w \leq 1$）は重み係数である．

また，第 4 章で述べたようなカルマンフィルタを用いた**センサフュージョン**を利用

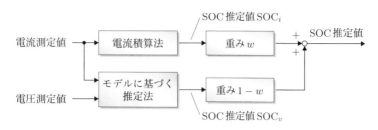

図 6.8　重み付け合成の構成例

する方法もある．図 6.9 にセンサフュージョンの考え方を示す．電流積算法とモデルに基づく推定法の SOC 推定値の差分をとれば，二つの方法の誤差の差分 ($n_i - n_v$) がわかる．センサフュージョンは，その差分を入力とした誤差モデルを構築し，二つの方法の誤差を推定することで，SOC 推定値の精度向上を図る方法であり，相補フィルタとも呼ばれている[6]．

このような複数の推定法を組み合わせる方法は実用上重要であるが，組み合わせ方は BMS を搭載する上位のシステムの設計に大きく制約される．

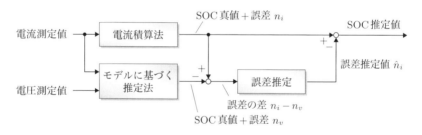

図 6.9　センサフュージョンの構成例

6.1.5　最適な推定法の選択

表 6.1 に，SOC と SOH の推定法，そして SOP の推定に強く関係する内部抵抗の推定法をまとめる．それぞれに長所と短所があり，どの推定法をどのように用いるかは，BMS 設計上の重要な課題である．最適な推定法を選択する上で考慮すべき点について，以下にまとめておく．

表6.1 電池の状態と物理パラメータの推定法

SOC 推定法

	推定法	原理	長所	短所
1	放電試験	完全放電	簡便	オフライン計測
2	端子電圧測定	電圧測定	簡便かつ頑健	精度が低い
3	OCV測定	電圧測定	簡便かつ頑健	緩和のための放置時間が必要
4	電流積算法	電流積分	簡便かつ頑健，短時間で高精度	ASOCしか推定できない
5	モデルに基づく推定法	電池モデル	高いロバスト性	複雑で難しい

SOH 推定法

	推定法	原理	長所	短所
1	容量計測	完全充放電	精度が高い	オフライン計測
2	内部抵抗	テーブルルックアップ	簡便かつ頑健	内部抵抗の精度に依存
3	Bookkeeping法	テーブルルックアップ	簡便かつ頑強	事前の実験が必要
4	モデルに基づく推定法	電池モデル	高いロバスト性	複雑で難しい

内部抵抗の推定法

	推定法	原理	長所	短所
1	I-V特性	電流・電圧測定	簡便	精度が低い
2	ステップ応答	電圧測定	簡便	特定の入力が必要
3	インピーダンス計測	周波数応答	正確	実験室でのみ利用可能
4	モデルに基づく推定法	電池モデル	高いロバスト性	複雑で難しい

[1] 要求精度

　要求される精度はシステムごとに大きく異なる．もちろんどのようなシステムでも高精度であるのに越したことはないが，システムによって許容できる誤差は，数十%程度から数%程度までさまざまである．一般に高精度を達成するには，ある程

度以上の複雑さを持った高度な方法が必要となる．それほど高精度を求められない場合には，簡便な方法も選択肢に入れて設計すべきである．

[2] 使用環境

電池が使用される環境の違いによって，利用すべき推定法も変わってくる．使用環境として考慮すべき点は，温熱環境と充放電の環境の二つである．

たとえば，EV や HEV の電池では，極地の冬季から熱帯の夏季までの温度範囲にわたって，大電流による頻繁な充放電が求められる．エネルギー効率向上のために減速時にモータを回生して電池に充電することが行われるので，特に激しい充放電となっている．さらに，組電池内での温度分布も無視できない要素である．EV や HEV 用の電池は現在のところ最も厳しい環境で使われる電池であり，高度な推定法を用いる必要がある．

携帯電話などの携帯端末用の電池も広い温度範囲で使われるが，充電は電源に接続した場合に限られ，EV や HEV ほどの大電流による頻繁な充放電があるわけではない．電池セルの数も少ないので，EV や HEV の電池ほど高度な推定法を使う必要はない．

無停電電源装置（uninterruptible power supply; UPS）のような非常用電源として使われる電池では，温度変動は小さく，ほとんどの場合，満充電の状態に置かれる．そのため，SOC 推定の重要性は低い一方で，いざというときに放電できるかどうかを知るために SOH や SOP の推定が重要である．

[3] ハードウェアの制約

BMS を実装するハードウェアの制約は，推定法の選択に大きく影響する．特に考慮すべきものは，演算能力とサンプリング周期である．電流積算法や電圧測定による方法では，簡単な計算とテーブルルックアップで済むのに対し，モデルに基づく推定法や複数の手法の組み合わせ法などの高度な方法では，浮動小数点演算を含む高い演算能力がハードウェアに求められる．また，一般に激しい充放電に対応して推定するには，サンプリングは速くなければならない．

コストやスペースなどの関係で演算能力やサンプリング周期を抑えなければならない場合，ある程度精度を犠牲にすることもありうる．逆に，電池を多数使用し要

求精度も高いEVやHEVなどの場合には，BMSのハードウェアにコストをかけて推定精度を高くし，可能な限り電池を効率的に利用するように設計する．

[4] 逐次推定の必要性

逐次的に高精度な状態推定を行うことが最も望ましいが，対象とするシステムによっては，必ずしも逐次推定を行う必要がないこともある．その場合には，測定したすべてのデータを蓄積して，一括推定を行うことも選択肢となる．データの保存にメモリが必要となるが，蓄積したデータを十分に活用できるので，一般に一括推定のほうが推定精度が高くなることが多い．特に，時間的に余裕のあるSOH推定などの場合には，一括推定も視野に入れるべきである．

6.2 モデルに基づくSOC推定

6.2.1 電池モデルと推定ロジック

モデルに基づく推定法では，電池の挙動を良く表した「電池モデル」と，それを利用して高精度な推定を実現する「推定ロジック」の二つが重要である．以下では，モデルに基づく推定法でよく用いられている電池モデルと推定ロジックについて，それぞれ述べる．

[1] 電池モデル

モデルに基づく推定法で用いられる**電池モデル**は，**電気化学モデル**と**等価回路モデル**の二つに大別できる．これらのモデルの共通点は，電池の詳細な挙動まで正確にモデリングすることよりも，推定に適したモデルとすることを目指していることである．

電池内部の電気化学反応を第一原理モデルによって記述する電気化学モデルが，古くから研究されてきた．近年は，電池の状態推定のためのモデルとして，電気化学モデルを考える動きが活発化している[7]．提案されているモデルは，電池内部の電気化学反応の性質上，いずれも多変数の連立偏微分方程式である．

電気化学モデルは正確であると考えられるが，初期条件や境界条件，パラメータなどの設定が煩雑である上に，主反応以外の副反応を考えるとさらに変数が増えてし

まうという欠点がある．低次元化や線形化など，さまざまな**簡単化**（simplification）を行う試みもあるが，その複雑さからハードウェアに高い演算能力が求められる．

一方，第5章で述べたように，等価回路モデルで電池を記述することは古くから盛んに行われてきた．図6.10に示す**テブナンの等価回路**モデルを基本として，起電力 E と内部インピーダンス Z をさまざまな回路で表現する．たとえば，図6.11のように1組の RC 並列回路で内部インピーダンスを表現した等価回路モデルや，図6.12 のように多数の RC 並列回路で内部インピーダンスを表現した等価回路モデルなどがある．

等価回路モデルは，電気化学の専門知識があまりなくても取り扱うことができ，計算量が電気化学モデルに比べて少ないという利点がある．一方，第一原理に基づくモデルではないので，正確に電池を表現できる範囲が電気化学モデルに比べて狭いという欠点がある．そのため，モデルに基づく推定を行うには，モデルだけでなく推定法も含めた工夫が必要になる．

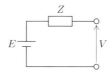

図6.10　テブナンの等価回路モデル

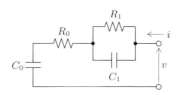

図6.11　等価回路モデルの一例（その1）

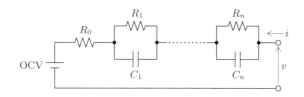

図6.12　等価回路モデルの一例（その2）

ここでは，一般に行われているモデルに関する工夫について簡単に触れておく．たとえば，温度特性など条件別に実験的に求めた結果をテーブル，あるいは数式の形で保存し，それを参照することで対応しようとすることが行われている[8]．また，等価回路モデルの簡単さを維持しつつ，第一原理モデルを用いて大きな特徴を持つ部分を加えていくことも試みられている[9]．これらの試みでは，電池の電気化学反応のうち低周波数において支配的になる拡散過程を，第一原理モデルを用いて加え，等価回路モデルの形で表している．

[2] 推定ロジック

推定ロジックは，電池モデルの内部インピーダンスなどのパラメータについて，事前に推定した値を用いる場合と，逐次的に推定した値を用いる場合の二つに分けられる．システム同定理論では，前者を**状態推定法**（state estimation）[5]，後者を**適応推定法**（adaptive estimation）や**同時推定法**（simultaneous estimation）と呼ぶ．図6.13と図6.14に，状態推定法と適応推定法の構成を模式的に表す．状態推定法では，事

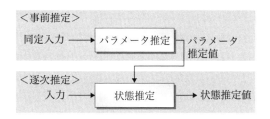

図6.13　状態推定法

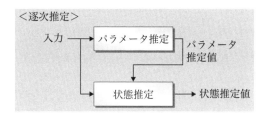

図6.14　適応推定法

---

[5] ここでいう「状態」とは，現代制御理論の状態空間表現における状態変数のことである．一方，本章のタイトルである電池の状態推定でいう「状態」はSOCやSOH，SOPのことであり，異なる概念であることに注意する．

前に推定したモデルのパラメータが不変であることを仮定しているので，状態推定を行う際にパラメータが大きく変化している場合には使えないが，任意の入力を用いてパラメータを推定することができるため，パラメータ推定の難易度は低い．それに対して，適応推定法では，逐次的にモデルのパラメータを推定していくので，パラメータが大きく変化しても状態推定を行えるが，一般に入力に制約がかかるため，パラメータ推定の難易度は高い．

電池モデルのパラメータを既知として SOC 推定を行う状態推定法としては，第 4 章で述べた拡張カルマンフィルタ（EKF）による方法や無香料カルマンフィルタ（UKF）による方法が提案されている[10]．EKF や UKF などの非線形カルマンフィルタ以外にも，非線形オブザーバやスライディングモードオブザーバ，H_∞ オブザーバなどを用いた方法が提案されている[11][12]．また，ニューラルネットワークを用いたモデルと EKF による SOC 推定を組み合わせた方法もある[13]．

パラメータを既知として扱い SOC のみを推定する方法は，パラメータが時間とともに変化しない場合に最も効果を発揮する．しかし，たとえば EV や HEV などの車載環境では，使用条件が時々刻々と大きく変化し，それによって電池のパラメータも変化してしまうので，これらの方法を利用できる状況は限定される．また，電池の個体差などからも推定精度は大きく影響を受けてしまう．このように，パラメータを既知とする方法は，EV や HEV の電池に対しては必ずしも適切ではない．

一方，電池モデルのパラメータを逐次推定して SOC 推定を行う適応推定法としては，たとえば，図6.11のような簡単な等価回路モデルを考え，その回路パラメータを適応ディジタルフィルタ[14]や逐次最小二乗法[4]，重み付き逐次最小二乗法[3]，線形カルマンフィルタ[15]などによって推定し，推定したパラメータから SOC を計算する方法が提案されている．

これらの方法では，電池モデルが推定したいパラメータに関して線形である必要があるので，あまり複雑なモデルは使えないという欠点がある．そのため，1次や2次の低次の等価回路モデルを用いて入出力をフィルタリングするといった工夫（チューニング）をして対応する場合が多い．

より複雑な電池モデルを用いて，そのパラメータを逐次推定しながら SOC 推定を行う適応推定法として，プレットは 2004 年に EKF を用いて SOC とパラメータの同時推定を行う方法[16]を提案し，2006 年には UKF を用いて SOC とパラメータの

同時推定を行う方法[17]を提案した．これらは非線形カルマンフィルタを用いた状態とパラメータの同時推定法を電池のSOC推定に適用した最初の例であり，先駆的な研究である．このプレットの研究を契機に，電池のSOC推定の分野で同時推定が精力的に研究されるようになった．たとえば，EKFによる同時推定[18]やUKFによる同時推定[19]がその例である．これらの同時推定法を用いれば，高次の非線形モデルのパラメータを逐次推定することができ，SOCの推定精度も高い．

6.2.2　逐次最小二乗法を用いた適応推定法

逐次最小二乗（recursive least squares; RLS）法[6]を用いた適応推定法について，基本的な原理を数式を交えて解説しよう．

前項で述べたように，モデルに基づく推定では，電池モデルとその推定ロジックが重要である．図6.11の等価回路モデル（図6.15に再掲）のような等価回路モデルを電池モデルとして用いる．このモデルでは，SOC-OCV特性をコンデンサC_0で近似している．また，内部インピーダンスを直達抵抗R_0と1組のRC並列回路で表している．この等価回路モデルは線形システムであるので，線形システムに対するさまざまなパラメータ推定法を用いることができる．また，推定ロジックとしては，電池を線形時変システムと見なし，その時変パラメータを逐次最小二乗法を用いて適応推定する．図6.15の電池の線形等価回路モデルは，入力を電流，出力を端子電圧とすると，時変パラメータについての線形回帰モデルとして扱うことができる．この線形回帰モデルに対して逐次最小二乗法を用いれば，その時変パラメータを推定できる．

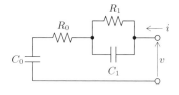

図6.15　等価回路モデル

6.　Point 4.4で述べた線形最小二乗法を逐次的に処理する推定法であり，カルマンフィルタの特別な場合と見なすことができる．

具体的に推定法を示していこう．

図 6.15 のモデルで入力を電流 $i(t)$, 出力を端子電圧 $v(t)$ として，それらのラプラス変換をそれぞれ $I(s), V(s)$ とすると，入出力の関係は，

$$V(s) = \left(R_0 + \frac{R_1}{R_1 C_1 s + 1} + \frac{1}{C_0 s}\right) I(s) \tag{6.13}$$

となる．これをオイラー法を用いて離散化すると，入力 i, 出力 v の z 変換をそれぞれ $I(z), V(z)$ とすると，

$$V(z) = \frac{b_0 z^2 + b_1 z + b_2}{z^2 + a_1 z + a_2} I(z) \tag{6.14}$$

となる．ただし，

$$a_1 = \frac{T_s}{R_1 C_1} - 2 \tag{6.15}$$

$$a_2 = 1 - \frac{T_s}{R_1 C_1} \tag{6.16}$$

$$b_0 = R_0 \tag{6.17}$$

$$b_1 = T_s \left(\frac{1}{C_0} + \frac{1}{C_1} + \frac{R_0}{R_1 C_1}\right) - 2R_0 \tag{6.18}$$

$$b_2 = \frac{T_s^2}{R_1 C_1 C_0} + R_0 - T_s \left(\frac{1}{C_0} + \frac{1}{C_1} + \frac{R_0}{R_1 C_1}\right) \tag{6.19}$$

とおいた（T_s はサンプリング周期）．ここから，線形回帰モデル

$$v(k) = \boldsymbol{\theta}^\top \boldsymbol{\varphi}(k) \tag{6.20}$$

が得られる．ただし，

$$\boldsymbol{\theta} = [\begin{array}{ccccc} a_1 & a_2 & b_0 & b_1 & b_2 \end{array}]^\top \tag{6.21}$$

$$\boldsymbol{\varphi}(k) = [\begin{array}{ccccc} v(k-1) & v(k-2) & i(k) & i(k-1) & i(k-2) \end{array}]^\top \tag{6.22}$$

とおいた．この線形回帰モデルに対して，逐次最小二乗法を用いれば $\boldsymbol{\theta}$ が推定できる．

このようにして求められた離散伝達関数の係数の推定値 $\hat{\boldsymbol{\theta}}$ から，等価回路モデルのパラメータが以下のように推定される．

$$\hat{R}_0 = \hat{b}_0 \tag{6.23}$$

$$\hat{R}_1 = -\frac{\hat{a}_2^2 \hat{b}_0 + \hat{a}_2 \hat{b}_1 + \hat{b}_2}{(1 - \hat{a}_2)^2} \tag{6.24}$$

$$\hat{C}_1 = -\frac{T_s(1-\hat{a}_2)}{\hat{a}_2^2 \hat{b}_0 + \hat{a}_2 \hat{b}_1 + \hat{b}_2} \tag{6.25}$$

$$\hat{C}_0 = \frac{T_s(1-\hat{a}_2)}{\hat{b}_0 + \hat{b}_1 + \hat{b}_2} \tag{6.26}$$

次に,式 (6.23) 〜 (6.26) で推定されたパラメータから過電圧 η を計算する.電流 i から過電圧 η までの伝達関数 G_η は

$$G_\eta(s) = R_0 + \frac{R_1}{R_1 C_1 s + 1} \tag{6.27}$$

であり,これを離散化すると,

$$G_\eta(z) = \frac{R_0 z - R_0\left(1 - \frac{T_s}{R_1 C_1}\right) + \frac{T_s}{C_1}}{z - \left(1 - \frac{T_s}{R_1 C_1}\right)} \tag{6.28}$$

となる.この式から,時刻 k における過電圧 η は,漸化式

$$\eta(k) = \left(1 - \frac{T_s}{R_1 C_1}\right)\eta(k-1) + R_0 i(k) - R_0\left(1 - \frac{T_s}{R_1 C_1}\right)i(k-1)$$
$$+ \frac{T_s}{C_1} i(k-1) \tag{6.29}$$

より計算できる.最終的に OCV は,

$$\mathrm{OCV} = v(k) - \eta(k) \tag{6.30}$$

として求められ,これで,SOC-OCV 特性に従って SOC が算出できる.

上記では,逐次最小二乗法を用いた適応推定法の最も基本的な構成例を解説した.要求精度や使用環境によっては,このような基本的構成でも実用に耐えられるが,実際の利用においては,推定精度を向上させるためにさまざまな工夫がなされている.

たとえば,忘却係数 λ の値を調整した逐次最小二乗法[4] や,パラメータごとに重み付けを変えた重み付き逐次最小二乗法[3] などを用いた推定法が提案されている.さらに,逐次最小二乗法を発展させたアルゴリズムとして,両限トレースゲイン方式[14] や線形カルマンフィルタ[15] を採用した推定法もある.そのはかにも,精度の高い推定値を安定して得るために,電池モデルに含まれる積分器を考慮した推定[15] や,入出力データにローパスフィルタを入れて雑音を低減化する[14] といったことが行われている.

以上のようにさまざまな工夫がなされているが,いずれの方法も図6.15やそれに近い線形の簡単な電池モデルをもとにしているため,モデルの不確かさが大きい.したがって,推定精度の向上にも限界がある.そこで,より複雑な電池モデルを用いた推定法について,次項以降で解説する.

6.2.3 非線形カルマンフィルタを用いた状態推定法

非線形カルマンフィルタを用いた状態推定法について,具体例を通して見ていこう.この例では,5.5節のシステム同定の例と同様に,EV に搭載されたリチウムイオン電池を対象とし,SOC推定を行う.電池モデルとしては,図6.16に示すモデルを用いる.このモデルは,開回路電圧(OCV)と内部インピーダンスの二つの要素からなり,第5章で詳しく述べた電池モデルの各要素から推定に必要な部分を取捨選択している.

また,推定ロジックとしては,拡張カルマンフィルタ(EKF)を用いる.この状態推定法の例では,SOC-OCV特性のみが非線形性を持つからである.

OCVについては,5.5節の例と同様に,式(5.29)と表5.2の係数で定められる $f_{\mathrm{OCV}}(\mathrm{SOC})$ を用いる.EKFを用いるためには,式(5.29)のヤコビアンが必要になるので,ここで計算しておくと,

$$\frac{\mathrm{d}f_{\mathrm{OCV}}(\mathrm{SOC})}{\mathrm{d}(\mathrm{SOC})} = \begin{cases} \dfrac{\mathrm{d}f_{\mathrm{OCV}}(2\,\%)}{\mathrm{d}(\mathrm{SOC})} & (\mathrm{SOC} < 2\,\%) \\ \dfrac{k_1}{\mathrm{SOC}} - \dfrac{k_2}{1-\mathrm{SOC}} + \dfrac{k_3}{(\mathrm{SOC})^2} - k_4 & (2\,\% \leq \mathrm{SOC} \leq 98\,\%) \\ \dfrac{\mathrm{d}f_{\mathrm{OCV}}(98\,\%)}{\mathrm{d}(\mathrm{SOC})} & (\mathrm{SOC} > 98\,\%) \end{cases}$$

(6.31)

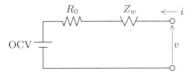

図6.16 OCVと内部インピーダンスからなる等価回路モデルの具体例

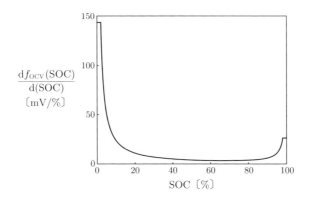

図6.17　SOC-OCV特性の傾き

となる．表5.2に示した値を用いてこの値を計算すると，図6.17が得られる．また，SOCは式(6.3)から計算できる．

[1] 内部インピーダンスのモデル

第2章で電気化学的な側面から，第5章でシステム工学的な側面からそれぞれ詳しく述べたように，内部インピーダンスは，電解質内のイオンの泳動過程と，電極と電解質の界面での電子の授受を行う電極反応過程，界面でのイオンの拡散過程の三つの要素に分けられる．このうち，泳動過程はオーム抵抗である．また，電極反応過程は時定数が数ミリ秒〜数百ミリ秒の速いダイナミクス，拡散過程は時定数が数秒〜数千秒の遅いダイナミクスである．ここでは，サンプリング周期をハードウェアの制約から1秒に設定して，電極反応過程は泳動過程と同じく抵抗で近似できるものとし，ダイナミクスとしてイオンの拡散過程のみを考慮する．すなわち，図6.16に示したように，過電圧は抵抗 R_0 とワールブルグインピーダンス Z_w から成り立つとする．

第5章で述べたように，ワールブルグインピーダンスは，

$$Z_w(s) = \frac{R_d}{\sqrt{\tau_d s}} \tanh \sqrt{\tau_d s} \tag{6.32}$$

と表される．ただし，s はラプラス演算子である．ここで，R_d は拡散抵抗，τ_d は拡散時定数である．

式 (6.32) のワールブルグインピーダンスはそのままでは扱いにくいので，第 5 章で述べたように等価回路を用いて近似する．この例では，

$$Z_w(s) = \sum_{n=1}^{\infty} \frac{R_n}{sC_n R_n + 1} \tag{6.33}$$

のように，$\tanh(\cdot)$ を無限級数の和で近似する方法を採用する．ただし，

$$C_n = \frac{C_d}{2} \tag{6.34}$$

$$R_n = \frac{8R_d}{(2n-1)^2 \pi^2} \tag{6.35}$$

であり，C_d は拡散容量である．

[2] 電池モデルの状態空間表現

OCV と内部インピーダンスのモデルをまとめて，次数 $n = 3$ としたフォスター型回路を用いてワールブルグインピーダンスを近似した場合の電池の等価回路モデルを，図 6.18 に示す．図の等価回路モデルで，時刻 t での状態変数 $\boldsymbol{x} \in \Re^4$ を

$$\boldsymbol{x}(t) = [\ \mathrm{SOC}(t) \quad v_1(t) \quad v_2(t) \quad v_3(t)\ ]^\top \tag{6.36}$$

として，入力 $u(t) = i(t)$，出力 $y(t) = v(t)$ とする．ただし，$v_1(t), v_2(t), v_3(t)$ はそれぞれ添字に対応したコンデンサでの電圧降下，$i(t)$ は回路全体を流れる電流，$v(t)$ は回路全体の電圧降下である．

このとき，図 6.18 の等価回路モデルの状態空間表現は，

$$\frac{\mathrm{d}}{\mathrm{d}t}\boldsymbol{x}(t) = \boldsymbol{A}\boldsymbol{x}(t) + \boldsymbol{b}u(t) \tag{6.37}$$

$$\begin{aligned} y(t) &= h(\boldsymbol{x}(t), u(t)) \\ &= f_{\mathrm{OCV}}(\mathrm{SOC}(t)) + [\ 0 \quad 1 \quad 1 \quad 1\ ]\boldsymbol{x}(t) + R_0 u(t) \end{aligned} \tag{6.38}$$

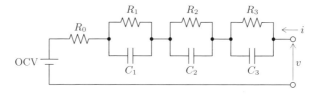

図 6.18　3 次のフォスター型回路を用いた電池モデル

となる．ただし，

$$A = \mathrm{diag}\begin{pmatrix} 0 & -\dfrac{1}{C_1 R_1} & -\dfrac{1}{C_2 R_2} & -\dfrac{1}{C_3 R_3} \end{pmatrix} \tag{6.39}$$

$$b = \begin{bmatrix} \dfrac{1}{\mathrm{FCC}} & \dfrac{1}{C_1} & \dfrac{1}{C_2} & \dfrac{1}{C_3} \end{bmatrix}^\top \tag{6.40}$$

である．また，

$$C_\ell = \dfrac{C_d}{2}, \quad R_\ell = \dfrac{8 R_d}{(2\ell - 1)^2 \pi^2}, \quad \ell = 1, 2, 3 \tag{6.41}$$

とおいた．

この電池モデルでは，未知パラメータは R_0, R_d, C_d, FCC の四つなので，未知パラメータベクトル θ は，

$$\theta = \begin{bmatrix} R_0 & R_d & C_d & \mathrm{FCC} \end{bmatrix}^\top \tag{6.42}$$

となる．

[3] EKF を用いた状態推定

具体的に EKF を用いて状態推定を行う手順を見ていこう．

まず，オイラー法を用いてサンプリング周期 T_s で離散化し，式 (6.37) を書き直すと，

$$x(k+1) = \begin{bmatrix} 1 & 0 & 0 & 0 \\ 0 & 1 - \dfrac{T_s}{R_1 C_1} & 0 & 0 \\ 0 & 0 & 1 - \dfrac{T_s}{R_2 C_2} & 0 \\ 0 & 0 & 0 & 1 - \dfrac{T_s}{R_3 C_3} \end{bmatrix} x(k) + \begin{bmatrix} \dfrac{T_s}{\mathrm{FCC}} \\ \dfrac{T_s}{C_1} \\ \dfrac{T_s}{C_2} \\ \dfrac{T_s}{C_3} \end{bmatrix} u(k) \tag{6.43}$$

が得られる．ただし，状態変数 x は，

$$x(k) = \begin{bmatrix} \mathrm{SOC}(k) & v_1(k) & v_2(k) & v_3(k) \end{bmatrix}^\top \tag{6.44}$$

である．

EKF を用いるために，非線形関数である式 (6.38) に含まれる h を偏微分すると，

$$\frac{\partial h(\boldsymbol{x}(k), u(k))}{\partial \boldsymbol{x}(k)} = \left[\left. \frac{\mathrm{d} f_{\mathrm{OCV}}(\mathrm{SOC})}{\mathrm{d}(\mathrm{SOC})} \right|_{\mathrm{SOC}(k)} \quad 1 \quad 1 \quad 1 \right] \tag{6.45}$$

となる．ただし，式(6.31)で求めたSOC-OCV特性のヤコビアンを用いた．以上で，第4章で述べたEKFを用いる準備ができた．

[4] 数値シミュレーション

数値シミュレーションを通して，EKFを用いた状態推定について見ていこう．その際に必要となるのが，電流と電圧の波形であるが，ここでは5.5節でシステム同定に用いた，図5.24に示された入出力データを用いる．

参考のために，雑音を含んだ電圧出力において雑音と過電圧を無視し，SOC-OCV線図から逆算したSOC推定値と真のSOCの値を図6.19に示す．電圧に含まれている雑音によって推定値が大きな分散を持っていること，また，過電圧の影響により推定値がバイアスしていることがわかる．

なお，OCVからSOCを逆算する関数OCV2SOCは，以下のように実装される．

MATLAB List 6.1：OCVからSOCを算出する関数 [OCV2SOC.m]
```
function [ SOC ] = OCV2SOC( OCV )
  % OCV2SOC SOC-OCV特性をもとにOCVからSOCを算出
  % 簡単のためSOC2OCVの探索でSOCを算出しているので，非常に遅いことに注意
```

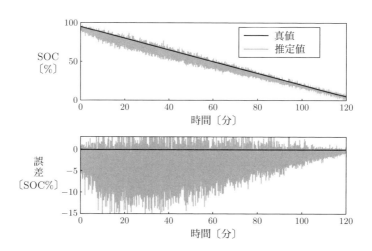

図6.19 SOC-OCV線図に基づいて推定されたSOC

```
    SOC = arrayfun( ...
        @(ocv) fzero(@(soc) SOC2OCV(soc)-ocv,50), OCV);
end
```

最後に，EKF の設定パラメータを与える．システム雑音の共分散行列 Q，観測雑音の分散 r，状態変数の推定値の初期値 $\hat{x}(0)$，共分散行列 $P(0)$ の四つを次のように設定する．

$$Q = \mathrm{diag}\left(\ (0.1\,\%)^2 \quad 10^{-6} \quad 10^{-6} \quad 10^{-6}\ \right) \tag{6.46}$$

$$r = 0.01^2 \tag{6.47}$$

$$\hat{x}(0) = [\ 91.41\,\% \quad 0 \quad 0 \quad 0\ ]^\top \tag{6.48}$$

$$P(0) = \mathrm{diag}\left(\ (10\,\%)^2 \quad 10^{-4} \quad 10^{-4} \quad 10^{-4}\ \right) \tag{6.49}$$

このうち $\hat{x}(0)$ については，最初の時刻における電圧の計測値から SOC-OCV 線図に基づいて推定された値を用いている．他のパラメータは調整パラメータの性格が強く，設定には試行錯誤が必要になる．

以上の条件のもとで EKF を用いて状態推定した結果を，図 6.20 に示す．また，比較のために，同じ条件下で電流積算法を使った推定結果を図 6.21 に示す．図から確認できるように，電流積算法では，初期の SOC 誤差の影響が最後まで続くのに対して，EKF では，モデルと電圧の計測値に基づいて SOC 推定値の修正を行っているため，初期の SOC 推定誤差が時間とともに取り除かれている．また，単純に電圧の計測値のみから得られた推定値（図 6.19）と比較すると，EKF では，モデルの利用によって雑音が効果的に取り除かれていることがわかる．

また，EKF が推定した $\pm 2\sigma$ の範囲も，逐次推定が進むにつれて範囲が狭まり，推定の確度が高くなっていくことがわかる．このとき，SOC 推定値の真値からの誤差の二乗平均平方根（root mean square error; RMSE）

$$\mathrm{RMSE} = \sqrt{\frac{1}{N}\sum_{k=1}^{N}\left(\widehat{\mathrm{SOC}}(k) - \mathrm{SOC}(k)\right)^2} \tag{6.50}$$

を計算すると，EKF の場合が 0.27 %，電流積算法の場合が 3.58 % であった．明らかに，EKF を用いたほうが SOC 推定の精度が向上した．

以下に，EKF と電流積算法により SOC 推定を行う MATLAB コードを示す．

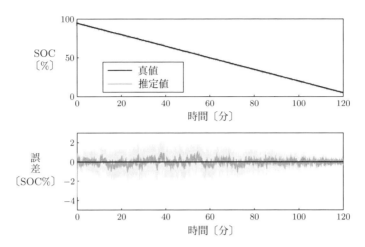

図 6.20 EKF による SOC 推定結果(状態推定法).網掛け:推定分散($\pm 2\sigma$ 範囲)

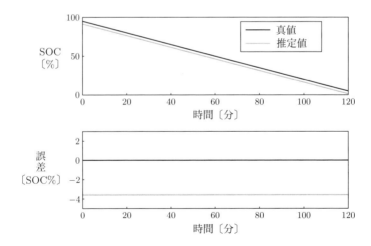

図 6.21 電流積算法による SOC 推定結果

MATLAB List 6.2：EKFおよび電流積算法によるSOC推定（List 5.5のつづき）
[ex_batt.m]

```matlab
%% EKFを用いた状態推定
% 離散時間状態空間モデル
f_ct = @(x,u) f(x, u, th0);              % モデルパラメータを固定
f_dt = c2d_euler(f_ct, Ts);              % オイラー法で離散化
% fdのヤコビアン
Ad = expm(A(th0)*Ts);                    % fのヤコビアンから解析的に計算
% 雑音の大きさを仮定
Q = diag([(0.1*Ts)^2,1e-6*ones(1,Nd)]);  % システム雑音
R = 0.01^2;                              % 観測雑音
% 推定値の格納領域を確保
xhat = zeros(Nd+1,N);                    % 状態推定値
P    = zeros(Nd+1,Nd+1,N);               % 推定分散
% 初期推定値
SOChat0   = OCV2SOC(ym(1));              % 最初の計測値をOCVと見なして推定
xhat(:,1) = [SOChat0; zeros(Nd,1)];      % 状態推定値
P(:,:,1)  = diag([1e2,1e-4*ones(1,Nd)]); % 誤差共分散
% 時間更新
for k=2:N
  [xhat(:,k),P(:,:,k)] = ...
    ekf(@(x) f_dt(x,um(k-1)),@(x) h(x,um(k),th0),...
    @(x) Ad, C, Q, R, ym(k), xhat(:,k-1), P(:,:,k-1));
end
% 結果の表示
figure, plot_SOC(t,xhat(1,:),squeeze(P(1,1,:))',SOC);
EKF_RMSE = sqrt(mean((xhat(1,:)-SOC).^2,2))

%% 電流積算法
% 推定値の格納領域を確保
SOC_cc = zeros(1,N);
% 初期推定値
SOC_cc(1) = SOChat0;
for k=1:N-1
  SOC_cc(k+1) = SOC_cc(k) + um(k)*Ts/FCC*100;
end
% 結果の表示
figure, plot_SOC(t,SOC_cc,[],SOC);
CC_RMSE = sqrt(mean((SOC_cc-SOC).^2,2))
```

このコードで用いた ekf 関数の実装はすでに List 4.5 で示した．連続時間状態方程式から，離散時間状態方程式への変換を行う関数 c2d_euler と，結果の表示を行う関数 plot_SOC の実装は，以下のようになる．

MATLAB List 6.3：オイラー法による連続時間状態方程式から離散時間状態方程式への変換 [c2d_euler.m]

```
function fd=c2d_euler(fc , h)
  % C2D_EULER 連続時間状態方程式の離散時間への変換（オイラー法）
  function x_new=fproto(x,u)
    x_new=x+h*fc(x,u);
  end
  fd=@fproto;
end
```

MATLAB List 6.4：SOC 推定結果のプロット [plot_SOC.m]

```
function []=plot_SOC(t,SOChat,P,SOC)
  % PLOT_SOC SOC 推定結果のプロット

  subplot(2,1,1), hold on
  plot(t/60,    SOC, 'r', 'LineWidth',   2) % 真値のプロット
  plot(t/60, SOChat, 'b', 'LineWidth', 0.5) % 推定値のプロット
  xlim([0 t(end)/60]),   ylim([0 100]);
  xlabel('Time [min]'), ylabel('SOC [%]')
  legend('True', 'Estimated', 'Location', 'Best')
  box on

  % 誤差のプロット
  subplot(2,1,2), hold on
  if ~isempty(P)
    hold on
    patch([t, fliplr(t)] / 60,...
      [(SOChat-SOC-2*sqrt(P)), fliplr(SOChat-SOC+2*sqrt(P))],...
      ' ','FaceColor', [0.5,0.5,1], 'FaceAlpha', 0.5,...
      'EdgeAlpha', 0)
  end
  plot(t/60,SOChat-SOC,'b')
  plot([0 t(end)/60], [0 0], 'r', 'LineWidth', 2)
  xlabel('Time [min]'), ylabel('Error [SOC%]')
```

```
  xlim([0 t(end)/60]),  ylim([-5 3]);
  box on
end
```

6.2.4 非線形カルマンフィルタを用いた同時推定法

　非線形カルマンフィルタを用いた電池の同時推定法について，具体例を通して見ていこう．状態推定法の場合と同様に，図6.16に示した電池モデルを用いる．また，推定ロジックは，状態推定法の場合よりも非線形性が強くなるので，より強い非線形性に対応できる無香料カルマンフィルタ（UKF）を用いる．

[1] 同時推定の理論

　状態とパラメータの同時推定法について簡単に解説する．これは，システムの状態と未知パラメータをまとめた拡大系を構成し，その拡大系をカルマンフィルタを用いて推定することにより，状態と未知パラメータを同時に推定する方法である．このような同時推定の利点は，パラメータを逐次的に推定しながら，それを状態推定に反映できることにある．しかし，同時推定で扱う拡大系は一般に非線形システムになるので，線形カルマンフィルタは利用できない．また，行列のサイズが大きくなるので，計算負荷も増える．さらに，非線形カルマンフィルタでは，大域的安定性を保証できないという問題がある．これらの問題点から，同時推定法は広く用いられてきたわけではなかった．しかし，近年の計算機の性能向上と，EKF 以外の UKF やアンサンブルカルマンフィルタなどの非線形カルマンフィルタにより，非線形カルマンフィルタによる状態とパラメータの同時推定法の応用範囲は広がってきた．

　離散時間非線形システム

$$x(k+1) = f(x(k), \theta(k), u(k)) + v(k) \tag{6.51}$$

$$y(k) = h(x(k), \theta(k), u(k)) + w(k) \tag{6.52}$$

を考える．ただし，状態変数を $x \in \Re^{n_x}$，未知パラメータを $\theta \in \Re^{n_\theta}$，入力を $u \subset \Re^{n_u}$，出力を $y \in \Re^{n_y}$ とした．また，$f(\cdot)$ と $h(\cdot)$ はベクトル値をとる $x(k)$，$\theta(k)$，$u(k)$ に関する非線形関数とする．さらに，システム雑音 v を $N(0, Q)$ に従う正規性白色雑音，観測雑音 w を $N(0, R)$ に従う v と独立な正規性白色雑音とする．

同時推定法で推定する未知パラメータ $\boldsymbol{\theta}$ は一定値で，システム雑音 $\boldsymbol{n}$ によってランダムウォークすると仮定する．すなわち，

$$\boldsymbol{\theta}(k+1) = \boldsymbol{\theta}(k) + \boldsymbol{n}(k) \tag{6.53}$$

とする．ただし，$\boldsymbol{n}$ は $N(\boldsymbol{0}, \boldsymbol{Q}_\theta)$ に従う正規性白色雑音とする．

状態変数 $\boldsymbol{x}$ に未知パラメータ $\boldsymbol{\theta}$ を加えて，拡大状態変数を

$$\boldsymbol{z}(k) = [\ \boldsymbol{x}^\top(k) \quad \boldsymbol{\theta}^\top(k)\ ]^\top \tag{6.54}$$

のように定義する．すると，式 (6.51)，(6.52) は，

$$\boldsymbol{z}(k+1) = \boldsymbol{f}(\boldsymbol{z}(k), \boldsymbol{u}(k)) + \begin{bmatrix} \boldsymbol{v}(k) \\ \boldsymbol{n}(k) \end{bmatrix} \tag{6.55}$$

$$\boldsymbol{y}(k) = \boldsymbol{h}(\boldsymbol{z}(k), \boldsymbol{u}(k)) + \boldsymbol{w}(k) \tag{6.56}$$

という拡大系に書き換えられる．この拡大系に対して非線形カルマンフィルタを適用することで，状態と未知パラメータを同時推定することができる．

[2] UKF を用いた同時推定

具体的に UKF を用いて同時推定を行う手順を見ていこう．

状態推定法の場合と同じ電池モデルを用いる．この電池モデルには式 (6.42) のように四つの未知パラメータが含まれるが，ここでは簡単のため，直達抵抗 R_0 のみを未知パラメータとし，他の三つのパラメータは既知であるとする．

式 (6.37)，(6.38) を拡大系に書き直すと，

$$\frac{\mathrm{d}}{\mathrm{d}t}\boldsymbol{z}(t) = \begin{bmatrix} 0 & 0 & 0 & 0 & 0 \\ 0 & -\dfrac{1}{R_1 C_1} & 0 & 0 & 0 \\ 0 & 0 & -\dfrac{1}{R_2 C_2} & 0 & 0 \\ 0 & 0 & 0 & -\dfrac{1}{R_3 C_3} & 0 \\ 0 & 0 & 0 & 0 & 0 \end{bmatrix} \boldsymbol{z}(t) + \begin{bmatrix} \dfrac{1}{\mathrm{FCC}} \\ \dfrac{1}{C_1} \\ \dfrac{1}{C_2} \\ \dfrac{1}{C_3} \\ 0 \end{bmatrix} u(t) \tag{6.57}$$

$$y(t) = f_{\mathrm{OCV}}(\mathrm{SOC}(t)) + [\ 0 \quad 1 \quad 1 \quad 1 \quad 0\ ]\boldsymbol{z}(t) + R_0(t)u(t) \tag{6.58}$$

となる．ただし，この拡大系の状態変数 $\boldsymbol{z}$ は，

$$z(t) = [\ \mathrm{SOC}(t)\quad v_1(t)\quad v_2(t)\quad v_3(t)\quad R_0(t)\ ]^\top \tag{6.59}$$

となる．式 (6.57)，(6.58) を離散化して，第 4 章で示した UKF のアルゴリズムを適用すればよい．この例では，計算精度を高めるために離散化方法として，4 次のルンゲ＝クッタ法を用いた．

[3] 数値シミュレーション

次に具体的な数値シミュレーションに移る．シミュレーションに必要な入出力データや観測雑音は，6.2.3 項 [4] で示した EKF による状態推定法のシミュレーションと同様とする．

UKF の設定パラメータは，EKF の場合と同様に，システム雑音の共分散行列 Q，観測雑音の分散 r，状態変数の推定値の初期値 $\hat{z}(0)$，共分散行列 $P(0)$ の四つであり，これらを次のように設定する．

$$Q = \mathrm{diag}\left(\ (0.1\,\%)^2\quad 10^{-6}\quad 10^{-6}\quad 10^{-6}\quad 10^{-20}\ \right) \tag{6.60}$$

$$r = 0.01^2 \tag{6.61}$$

$$\hat{z}(0) = [\ 91.41\,\%\quad 0\quad 0\quad 0\quad 0.9\times 10^{-3}\ ]^\top \tag{6.62}$$

$$P(0) = \mathrm{diag}\left(\ (10\,\%)^2\quad 10^{-4}\quad 10^{-4}\quad 10^{-4}\quad 10^{-4}\ \right) \tag{6.63}$$

これらの設定は EKF の例とほぼ同様であるが，状態変数 z の第 5 要素であるパラメータ R_0 の初期推定値として，ここでは真値 $0.450\,\mathrm{m\Omega}$ に対して 2 倍の値を与え，変動はほぼないものとして，対応するシステム雑音の分散は小さな値とした．

このような条件のもとで UKF を用いて同時推定すると，SOC について図 6.22，直達抵抗 R_0 について図 6.23 のような推定結果が得られた．両者とも誤差を含む初期値から出発しているにもかかわらず，真値近くに収束していることがわかる．UKF が推定した $\pm 2\sigma$ の範囲も SOC，R_0 ともに逐次推定が進むにつれて範囲が狭まり，推定確度が高くなっていくことがわかる．このとき，SOC 推定値について RMSE を計算すると，0.28 % だった．これはパラメータがすべて既知であることを仮定した EKF と同等の高い推定精度であり，未知パラメータ R_0 の推定も精度良く行えていることから，この方法の有用性が確認できる．

UKF によって同時推定を行う MATLAB コードを以下に示す．

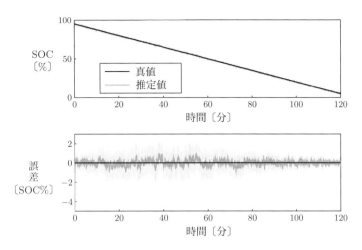

図 6.22 UKF による SOC 推定結果（同時推定法）．網掛け：推定分散（±2σ 範囲）

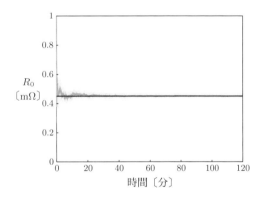

図 6.23 UKF によるパラメータ推定結果（同時推定法）．網掛け：推定分散（±2σ 範囲）

> **MATLAB** List 6.5：UKF による状態とパラメータの同時推定（List 6.2 のつづき）[ex_batt.m]

```
%% UKFを用いた同時推定法
% z（拡大系の状態変数）と x（本来の状態変数）および th（パラメータ）間の変換を行
% う関数群
get_x   = @(z) z(1:Nd+1);
get_th  = @(z) [z(Nd+2), Rd, Cd, FCC]; % R0以外は既知
```

```
make_z = @(x,R0) [x;R0];
% 拡大系
fz_ct = @(z,u) make_z( f(get_x(z), u, get_th(z)), 0 );
hz     = @(z,u) h( get_x(z), u, get_th(z) );
% ルンゲ=クッタ法による離散化
fz_dt = c2d_rk4(fz_ct, Ts);
% R0 推定値に対する誤差分散を設定
Qz = blkdiag(Q,1e-20);
% 推定値の格納領域を確保
zhat = zeros([Nd+2,N]);       % 状態推定値
P    = zeros(Nd+2,Nd+2,N);    % 推定分散
% 初期推定値
zhat(:,1) = make_z([SOChat0; zeros(Nd,1)], R0*2);          % 状態推定値
P(:,:,1)  = diag(make_z([1e2; 1e-4*ones(Nd,1)], 1e-4)); % 誤差共分散
% 時間更新
for k=2:N
  [zhat(:,k),P(:,:,k)] = ...
    ukf(@(z) fz_dt(z,um(k-1)),@(z) hz(z,um(k)),...
    Qz, R, ym(k), zhat(:,k-1), P(:,:,k-1));
end
% 結果の表示
figure, plot_SOC(t, zhat(1,:), squeeze(P(1,1,:))', SOC);
figure
plot_param(t/60, 1e3*zhat(end,:), 1e6*squeeze(P(end,end,:))',...
1e3*R0);
ylim([0,1]), xlabel('Time[min]'), ylabel('R_0[m\Omega]')
UKF_RMSE = sqrt(mean((zhat(1,:)-SOC).^2,2))
```

このコードで用いたukf関数の実装はすでにList 4.6で示した．ここでは，ルンゲ＝クッタ法に基づいて連続時間状態方程式から離散時間状態方程式への変換を行う関数c2d_rk4を用いた．ルンゲ＝クッタ法は広く用いられているアルゴリズムであり，EKFの例で用いたオイラー法（c2d_euler）よりも一般に正確な変換が得られ，安全性が高い．なお，この例題において両者の性能に大きな違いはないが，対象システムの性質やサンプリング周期によって離散化手法の選択が重要になるので，読者各自で研究されたい．このc2d_rk4と，R_0の推定結果を表示する関数plot_paramの実装は以下のようになる．

MATLAB List 6.6：連続時間状態方程式の離散時間状態方程式への変換（ルンゲ＝クッタ法）［c2d_rk4.m］

```
function fd=c2d_rk4(fc , h)
  % C2D_RK4 連続時間状態方程式の離散時間への変換（ルンゲ＝クッタ法）
  function x_new=fproto(x,u)
    k1=fc(x,u);
    k2=fc(x+h/2.*k1,u);
    k3=fc(x+h/2.*k2,u);
    k4=fc(x+h.*k3,u);
    x_new=x+h/6*(k1+2*k2+2*k3+k4);
  end
  fd=@fproto;
end
```

MATLAB List 6.7：パラメータ推定結果のプロット［plot_param.m］

```
function []=plot_param(t,y,P,ytrue)
  % PLOT_PARAMETER パラメータ推定結果のプロット
  hold on, box on
  patch([t,fliplr(t)],...
    [(y-2*sqrt(P)),fliplr(y+2*sqrt(P))],...
    ' ','FaceColor',[0.5,0.5,1],'FaceAlpha',0.5,'EdgeAlpha',0)
  xlim([0 t(end)]);
  % 真値のプロット
  plot([0 t(end)],[ytrue ytrue],'r','LineWidth',2)
  % 推定値のプロット
  plot(t,y,'b','LineWidth',0.5)
end
```

6.2.5 推定を行う上での留意点

具体例を挙げて状態推定法と同時推定法について述べてきたが，ここではその際に注意すべき点について述べる．

[1] パラメータの推定可能性

第4章で述べたように，パラメータの推定可能性は入力信号の性質に強く依存し，このことは同時推定法を用いる場合に重要である．同時推定法を用いる利点は，ユー

ザーが電池を使用している間にパラメータを逐次的に推定できることにある．しかし，それは見方を変えれば，パラメータ推定にとって最適な入力電流を選べないということでもある．

たとえば，本章では EV を対象とした具体例を挙げたが，HEV を対象とする場合は電流波形が異なるため，推定の様子は変わってくる．HEV の特徴は，回生ブレーキによる充電に加え，内燃機関による充電によって，SOC は 50 ％ 近辺に制御されることである．このため，入力電流の波形には，低周波数の成分がほとんどない．これに対して，EV の特徴は，走行中は回生充電を除いて放電が基本になることであるので，入力電流の波形には低周波数成分が多く含まれることになる．また，定置型の蓄電装置などの場合には，EV や HEV ほどの激しい充放電はなく，ほとんど一定電流での充放電になる．

このように，電流波形はシステムによって大きく異なるため，その波形がどのような周波数成分を含むのか，そして，それが求めたいパラメータの推定可能性に結び付いているかどうかに，注意が必要である．

[2] 数値計算の精度

本書で繰り返し述べてきたように，電池は数ミリ秒から数千秒という幅広い時定数のダイナミクスを有し，かつ複雑な非線形性を有している．そのため，モデルに基づく推定法を用いる際の電池モデルも複雑化する傾向にあり，EKF や UKF などの非線形カルマンフィルタを用いる際，しばしば数値計算の精度が問題になってきている．本章で挙げた具体例ではそのような問題は起きていないが，同時推定法で推定するパラメータを増やすなど，モデルを複雑にすると，この問題に対処する必要が出てくる．

たとえば，カルマンフィルタの逐次的な計算過程において，丸め誤差などの数値計算上の誤差に起因して，推定値が発散してしまうというバースト現象が，線形カルマンフィルタが提案された当初から知られている．この点に対処するために，線形カルマンフィルタを**平方根フィルタ**（square root filter）の形にすることが，古くから提案されている．この平方根フィルタ化した線形カルマンフィルタを使うと，倍精度浮動小数点演算を用いた通常の線形カルマンフィルタと同等の計算精度を，単精度浮動小数点演算を用いて得ることができる．EKF や UKF についてもこの平方

根フィルタ化がなされており[20],計算精度を得るためには,これらの利用も考慮すべきである.

また,電池モデルのパラメータのオーダーの差が大きいので,同時推定法の場合には桁落ちが発生することが多い.これに対処するため,正規化や対数化などを行ってパラメータのオーダーを揃えることも行われている[19].

さらに,計算精度を得るために高次の離散化方法を選ぶことも有効な手段である.本章の具体例でも,状態推定法ではオイラー法の実装を,同時推定法ではより計算精度が高いルンゲ＝クッタ法の実装を示しているので,読者各自で,さまざまな状況で離散化手法が結果に与える影響を確認されたい.

6.3　今後の課題

本章では電池の状態推定について具体的に述べてきた.最後に,電池の状態推定において今後課題になってくる点について述べる.

6.3.1　電池を使ったシステムの課題

本章で最初に述べたように,多数のセルを直並列にした組電池をまとめたものの状態推定を行うことが多いが,今後,高性能化が求められる中で組電池における多数のセルのばらつきが問題となるだろう.組電池内のセルのばらつきには,製造ばらつきや組電池内のセルの温熱環境の違いによるばらつき,劣化の進行スピードの違いによるばらつきなどがある.現状では,最低限の管理方法として,すべてのセルの電圧を監視することが行われているが,すべてのセルについてSOCやSOHなどの状態を推定し管理するのが理想的である.この場合,セル数が多ければ多いほどBMSを搭載するハードウェアの計算能力が求められるようになる.また,セルごとの推定結果を用いて,第3章で述べたようなアクティブセルバランスが行われるようになると,推定精度に対する要求がさらに高くなることも考えられ,これは今後解決すべき課題である.

6.3.2 電池の進化に伴う課題

蓄電デバイスとして電池のニーズが高まってきた結果，さまざまな電池が新しく開発されている．リチウムイオン電池でも，正極，負極，電解液，セパレータといった構成要素に用いる材料をさまざまに変えることにより，より高性能な電池を目指して開発が日々行われている．表6.2にそれらの一例を示す[21][22]．このように新しい材料系の電池が開発されることにより，従来の電池の状態推定では対応できなくなる懸念がある．具体的な課題として，SOC-OCV特性の傾きや**ヒステリシス**（hysteresis）などがある．

いくつかの推定法がSOC-OCV特性を用いてSOCとOCVの相互変換を行っていることは，すでに述べたとおりである．そのことから，SOCとOCVの間の感度が極端に悪くなると問題になることは，容易に想像できるだろう．この場合には，SOC-OCV特性の傾きが小さくなることが問題となる．図6.24に電極材料の異なるリチウムイオン電池のSOC-OCV特性を示す[15][23]．この図から，たとえば，正極の材料がマンガン酸リチウム（LMO），負極の材料がハードカーボン（HC）であれば，SOC-OCV特性の傾きは最小でも10 mV/SOCであるのに対して，負極をグラファイト（C）に変えると，その傾きは最小で3〜5 mV/SOCになることがわかる．さらに正極をリン酸鉄リチウム（LFP）に変えると，傾きはさらに小さくなり，最小で1 mV/SOCを下回るような値となる．もしOCVの推定値や測定値に10 mVの誤差があったとすれば，正極がマンガン酸リチウム（LMO），負極がハードカーボ

表6.2 リチウムイオン電池の材料による分類

正極材料		負極材料		電解質材料
コバルト系	$LiCoO_2$	グラファイト系	C_6	有機電解液系
マンガン系	$LiMn_2O_4$	ハードカーボン系	C_6	ポリマーゲル系
ニッケル系	$LiNiO_2$	酸化物/窒化物系	$Li_4Ti_5O_{12}$	固体ポリマー系*
	$Li(Ni-Co-Al)O_2$	合金系	Li-Sn	無機固体電解質系*
三元系	$Li(Ni-Co-Mn)O_2$		Li-Si*	イオン液体系*
リン酸鉄系	$LiFePO_4$			

* 研究段階の材料

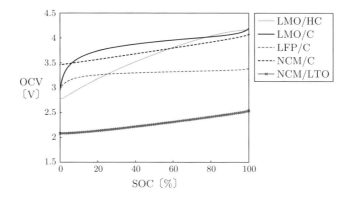

図 6.24　異なる電極材料を用いたリチウムイオン電池の SOC-OCV 特性．LMO：マンガン系正極，LFP：リン酸鉄系正極，NCM：三元系正極，HC：ハードカーボン負極，C：グラファイト負極，LTO：チタン酸リチウム負極

ン（HC）であれば，1％の SOC 誤差で済むのに対して，正極がリン酸鉄リチウム（LFP），負極がグラファイト（C）であれば，10％もの SOC 誤差となってしまう．このように SOC-OCV 特性の傾きが小さい電池では，セルごとのわずかな個体差でも大きな問題になってしまう可能性があり，より高精度な推定が必要になる．

また，一部の材料のリチウムイオン電池では，それまでのリチウムイオン電池では影響の少なかった「ヒステリシス」が大きくなることが知られている[24]．ヒステリシスは「履歴現象」とも呼ばれ，過去の入力に現在の出力が影響される非線形現象である．第 2 章でも触れたように，電池におけるヒステリシスは，直前の充放電の極性（電流の向き）によって OCV が異なってくる現象である．SOC-OCV 特性の傾きの問題と同様に，このヒステリシスも問題となってくる．この問題に対処するためには，モデルに基づく推定の場合，ヒステリシスを良く表したモデルを作ることが重要であり，そのためヒステリシスモデルについて研究が進められている．

6.3.3　電池の経年変化に伴う課題

電池は**経年変化**によって，一般に満充電容量が低下したり，内部抵抗が大きくなったりする．これらについては，SOH 推定や内部抵抗の推定として対処がなされている．しかし，SOC-OCV 特性についても経年変化があるとされており，この点への

対処が課題である．

　現状では，SOC-OCV 特性は事前実験で求めておく特性であるので，SOC-OCV 特性の経年変化についても，事前に実験を通して何かの形で求めておく必要がある．そのためには，実際に電池を経年変化させなければならない．当然，何年もかけて試験を行うわけにはいかないので，電池の劣化を促進させる加速試験が行われている．電池の実際の使用環境に則した適切な加速試験としなければならない点が課題となる．また，実際に測定する方法であるので，電池の材料が変更されるたびに加速試験をやり直す必要があり，日々進化し続けている電池開発の現場に対する負荷は大きくなる傾向にある．恒久的な解決策として，劣化メカニズムを解明し，SOC-OCV 特性の経年変化をモデリングすることが大切である．

参考文献

[1] 板垣昌幸：電気化学インピーダンス法 第2版――原理・測定・解析，丸善出版 (2011)

[2] M. Coleman, C. K. Lee, C. Zhu and W. Hurley: "State-of-Charge Determination From EMF Voltage Estimation: Using Impedance, Terminal Voltage, and Current for Lead-Acid and Lithium-Ion Batteries", *IEEE Transactions on Industrial Electronics*, Vol.54, No.5, pp.2550–2557 (2007)

[3] S. Wang, M. Verbrugge, J. S. Wang and P. Liu: "Multi-parameter battery state estimator based on the adaptive and direct solution of the governing differential equations", *Journal of Power Sources*, Vol.196, pp.8735–8741 (2011)

[4] M. Verbrugge and E. Tate: "Adaptive state of charge algorithm for nickel metal hydride batteries including hysteresis phenomena", *Journal of Power Sources*, Vol.126, pp.236–249 (2004)

[5] F. Codeca, S. Savaresi and V. Manzoni: "The mix estimation algorithm for battery State-of-Charge estimator- Analysis of the sensitivity to measurement errors", *In Proceedings of the 48th IEEE Conference on Decision and Control, 2009 held jointly with the 2009 28th Chinese Control Conference*, CDC/CCC 2009, pp.8083–8088 (2009)

[6] 足立・丸田：カルマンフィルタの基礎（第 8 章），東京電機大学出版局 (2012)

[7] N. Chaturvedi, R. Klein, J. Christensen, J. Ahmed and A. Kojic: "Algorithms for Advanced Battery-Management Systems", *IEEE Control Systems Magazine*, Vol.30, No.3, pp.49–68 (2010)

[8] Y. Hu and S. Yurkovich: "Battery cell state-of-charge estimation using linear parameter varying system techniques", *Journal of Power Sources*, Vol.198, pp.338–350 (2012)

[9] E. Kuhn, C. Forgez, P. Lagonotte and G. Friedrich: "Modelling Ni-mH battery using Cauer and Foster structures", *Journal of Power Sources*, Vol.158, No.2, pp.1490–1497 (2006)

[10] F. Sun, X. Hu, Y. Zou and S. Li: "Adaptive unscented Kalman filtering for state of charge estimation of a lithium-ion battery for electric vehicles", *Energy*, Vol.36, No.5, pp.3531–3540 (2011)

[11] I. S. Kim: "The novel state of charge estimation method for lithium battery using sliding mode observer", *Journal of Power Sources*, Vol.163, No.1, pp.584–590 (2006)

[12] F. Zhang, G. Liu, L. Fang and H. Wang: "Estimation of Battery State of Charge with H_∞ Observer: Applied to a Robot for Inspecting Power Transmission Lines", *IEEE Transactions on Industrial Electronics*, Vol.59, No.2, pp.1086–1095 (2012)

[13] M. Charkhgard and M. Farrokhi: "State-of-Charge Estimation for Lithium-Ion Batteries Using Neural Networks and EKF", *IEEE Transactions on Industrial Electronics*, Vol.57, No.12, pp.4178–4187 (2010)

[14] 湯本・中村・廣田・越智：適応デジタルフィルタ理論を用いた電池内部状態量の推定手法，自動車技術会論文集，35，3，pp.91–96 (2004)

[15] 馬場・足立：シリーズカルマンフィルタ法を用いた二次電池の充電率推定，電気学会論文誌 (D)，132，9，pp.907–914 (2012)

[16] G. L. Plett: "Extended Kalman filtering for battery management systems of LiPB-based HEV battery packs. Part 1～3", *Journal of Power Sources*, Vol.134, No.2, pp.252–292 (2004)

[17] G. L. Plett: "Sigma-point Kalman filtering for battery management systems of LiPB-based HEV battery packs. Part 1, 2", *Journal of Power Sources*, Vol.161, pp.1356–1384 (2006)

[18] H. He, R. Xiong, X. Zhang, F. Sun and J. Fan: "State-of-charge estimation of the lithium-ion battery using an adaptive extended kalman filter based on an improved thevenin model", *IEEE Transactions on Vehicular Technology*, Vol.60, No.4, pp.1461–1469 (2011)

[19] 馬場・足立：対数化UKFを用いたリチウムイオン電池の状態とパラメータの同時推定，電気学会論文誌(D)，133，12，pp.1139–1147 (2013)

[20] R. van der Merwe and E. A. Wan: "The square-root unscented Kalman filter for state and parameter-estimation", *In IEEE International Conference on Acoustics, Speech, and Signal Processing*, ICASSP '01 (2001)

[21] 小久見・西尾：図解 革新型蓄電池のすべて，オーム社 (2011)

[22] 金村聖志：高性能リチウムイオン電池開発最前線：5V級正極材料開発の現状と高エネルギー密度化への挑戦，エヌ・ティー・エス (2013)

[23] R. Xiong, X. Gong, C. C. Mi and F. Sun: "A robust state-of-charge estimator for multiple types of lithium-ion batteries using adaptive extended Kalman filter", *Journal of Power Sources*, Vol.243, pp.805–816 (2013)

[24] M. A. Roscher and D. U. Sauer: "Dynamic electric behavior and open-circuit-voltage modeling of LiFePO$_4$-based lithium ion secondary batteries", *Journal of Power Sources*, Vol.196, No.1, pp.331–336 (2011)

索引

■ 数字
10°C則　34

■ 英字
ARXモデル　129
BMU (battery management unit)　98
Bookkeeping法　198
CAN (controller area network)　87
CCCV充電　85
CHAdeMO方式　89
CMU (cell monitor unit)　97
COMBO方式　89
CPE (constant phase element)　177
Cレート　14, 192
EKF (extended Kalman filter)　147
GB/T国家推奨規格　89
H&R (hazard analysis and risk assessment)　74
HEMS (home energy management system)　102
I-V特性　200
ISG (integrated starter generator)　101
M系列信号　125
OCV (open circuit voltage)　21, 193
PE性　125
SOC-OCV特性　22
SOCの推定法　191
SOHの推定法　198
SRIVC法　136
SSG (side-mounted starter generator)　101
UKF (unscented Kalman filter)　147
z変換　121

■ あ行
アインシュタインの関係式　54
アクティブセルバランス制御　78
アノード反応　61
アレニウスの式　45, 66, 67
イオン移動度　48
位相特性　114
一次電池　12
移動度　54
インパルス応答　128
インピーダンス計測　201
泳動過程　162
泳動電流　47, 53
エネルギー密度　13
オブザーバ　140
オルタネータ　91
音響システム　109

■ か行
開回路電圧　21
カウエル型回路　169, 170
ガウス＝ニュートン法　135
化学電池　8, 31, 58
化学反応システム　109
化学ポテンシャル　16
拡散過程　162
拡散係数　54
拡散時定数　165
拡散層　68
拡散抵抗　165
拡散電位　18
拡散電流　47, 53
拡散二重層　55
拡散容量　165
拡張カルマンフィルタ　148
過剰適合　140
カソード反応　61
活性化エネルギー　64

活性化過電圧　64
活量　60
過電圧　21, 23
ガルバーニ電位差　17
カルマンフィルタのアルゴリズム　142
カレンダー寿命　26, 34
還元体　58
簡単化　207
起電力　21
機能安全　73
ギブズエネルギー　16
キャリア　47
急速充電　85, 87
極　113
クーロンカウント法　194
クーロン効率　26
組電池　1
グレーボックスモデリング　108, 111
クロスバリデーション　140
経年変化　231
ゲイン特性　114
健全度　19
交換電流　61
コール・コールプロット　116

■ さ行

サイクル寿命　26, 34
最小二乗法　131
最小平均二乗誤差推定値　142
酸化還元反応　49
酸化体　58
残存電荷　18
サンプリング周期　122, 127
時間領域　112
支持電解質　55
システム同定　108, 109, 123
修正ランドルズモデル　165
集電極　9
充電率　19
周波数応答の原理　114
周波数伝達関数　114
周波数特性　114
充放電可能電力　19
出力誤差法　132
出力方程式　118
状態空間表現　118
状態推定法　208

状態変数　117
状態方程式　118
情報の世界　107, 111
スイッチングチャージ　92
推定ロジック　197, 208
水流モデル　15
数学モデル　108
スタータージェネレータ　101
図的モデル　108
正イオン　47
正規性白色雑音　136
正極活物質　9
接触電位差　57
セパレータ　9
セル　1
　　──監視ユニット　97
　　──バランス制御　77
センサフュージョン　202
相対充電率　20
挿入-脱離反応　62
ソフトセンサ　141

■ た行

第一原理モデリング　108, 109
ダイナミクス　112
大量データ　110
端子電圧　21
逐次最小二乗法　210
デカード　115
適応推定法　208
デバイ長　50
テブナンの定理　24
テブナンの等価回路　160, 207
電解液　9, 46
電荷移動過程　37, 56, 63
電荷移動抵抗　67
電気・磁気システム　109
電気化学ポテンシャル　16
電気化学モデル　206
電気的中性の原理　50
電気二重層　51
　　──キャパシタ　55
電極反応過程　162
伝達関数　113
電池　1
　　──の寿命　26
　　──モデル　197, 206

電流積算法　80, 194
電流連続の式　67
等価回路モデル　206
同時推定法　208
トポタクティック反応　10
トリクル充電　26, 91

■ な行

ナイキスト線図　115
ナイキストの安定判別法　116
内部インピーダンス　23
内部抵抗の推定法　200
二次電池　12
熱電圧　54
ネルンスト拡散層　69
ネルンストの式　22, 34, 59, 66
濃度過電圧　64

■ は行

パッシブセルバランス制御　77
バッテリ　1
　　──マネジメント　71
　　──マネジメントシステム　30, 71
　　──マネジメントユニット　97
バトラー＝フォルマーの式　64, 66
パラメトリックモデル　128
バリデーション　140
パワー密度　14
半反応　31
ヒステリシス　230
標準水素電極　32
ファラデーインピーダンス　164
負イオン　47
フェルミ準位　16, 56, 60
フェルミ分布関数　16, 66
フォスター型回路　168
負極活物質　9
複素インピーダンス軌跡　67, 116, 165
普通充電　85, 86
物質移動過程　63, 162
物理の世界　107, 111
物理モデリング　109
ブラックボックスモデリング　109
プレチャージ　93
フロート充電　90

ブロック線図　114
分極　23
平方根フィルタ　228
べき乗則　46
ベクトル軌跡　115
ヘルムホルツ層　55
ボイケルトプロット　14
放電深度　20
ボード線図　115
ボルタ電位差　16
ボルツマン因子　65
ボルツマン分布　54
ホワイトボックスモデリング　109

■ ま行

無香料カルマンフィルタ　150
無停電電源装置　91
モデルに基づく推定法　196, 199, 202
モデルベース制御　106

■ や行

誘電緩和過程　63
誘電緩和時間　49
誘電分極　54
揚水発電所　3
溶媒和　48
　　──イオン　47
溶媒和-脱溶媒和反応　62
予測誤差法　130

■ ら行

ラゴーニプロット　15
ラプラス変換　113
ランドルズモデル　165
力学システム　109
リザーブ型電池　10
離散時間伝達関数　121
リニアチャージ　92
流体システム　109
劣化度　20
ロッキングチェア型電池　10
ロッキングチェア機構　36

■ わ

ワールブルグインピーダンス　69, 165

<編著者紹介>

足立 修一
あだち しゅういち

学 歴　慶應義塾大学大学院工学研究科博士課程修了，工学博士（1986年）
職 歴　(株)東芝 総合研究所（1986～1990年）
　　　　宇都宮大学工学部電気電子工学科 助教授（1990年），教授（2002年）
　　　　航空宇宙技術研究所 客員研究官（1993～1996年）
　　　　ケンブリッジ大学工学部 客員研究員（2003～2004年）
現 在　慶應義塾大学理工学部物理情報工学科 教授（2006年～）

廣田 幸嗣
ひろた ゆきつぐ

学 歴　東京大学工学系研究科電子工学専攻修士課程修了（1971年）
職 歴　日産自動車(株)（1971～2000年）
　　　　　ニューヨーク 駐在員事務所（1979～1982年）
　　　　　総合研究所 電子情報研究所 所長（1992～1999年）
　　　　　総合研究所 研究推進部 部長（1999～2000年）
　　　　カルソニックカンセイ(株)テクノロジーオフィサー，および
　　　　日産自動車(株)技術顧問 兼務（2000～2015年）

<著者紹介>

押上 勝憲
おしあげ　かつのり

　学　歴　　電気通信大学電気通信学部応用電子工学科（1978年）
　職　歴　　日産自動車(株)（1978〜2011年）
　　　　　　　総合研究所 電子研究所（1978〜1989年，1991〜2008年）
　　　　　　　技術開発企画室（1989〜1991年）
　　　　　　　総合研究所 電子研究所 主任研究員（1993〜2000年）
　　　　　　　総合研究所 電子情報研究所 主管研究員（2000〜2008年）
　　　　　　　電子技術本部 電子システム開発部 主管（2008〜2011年）
　　　　　　カルソニックカンセイ(株)（2011年〜）
　現　在　　電子事業本部パワーエレクトロニクス設計グループ シニアエキスパートエンジニア

馬場 厚志
ばば　あつし

　学　歴　　慶應義塾大学大学院理工学研究科博士課程修了，博士（工学）（2013年）
　現　在　　カルソニックカンセイ(株)（2010年〜）

丸田 一郎
まるた　いちろう

　学　歴　　京都大学大学院情報学研究科博士課程修了，博士（情報学）（2011年）
　職　歴　　日本学術振興会 特別研究員 PD（於 慶應義塾大学，2011年）
　　　　　　京都大学大学院情報学研究科システム科学専攻 特定助教（2012年）
　現　在　　京都大学大学院情報学研究科システム科学専攻 助教

三原 輝儀
みはら　てるよし

　学　歴　　国立都城工業高等専門学校工業化学科卒業（1974年）
　職　歴　　日産自動車(株)（1974〜2010年）
　　　　　　　総合研究所 電子情報研究所 主任研究員（1991〜1998年）
　　　　　　　総合研究所 電子情報研究所 主管研究員（1998〜2000年）
　　　　　　　総合研究所 電子情報研究所 所長（2000〜2005年）
　　　　　　　総合研究所 実験試作部 部長（2005〜2010年）
　現　在　　カルソニックカンセイ(株)テクノロジーオフィサー（2010年〜）

バッテリマネジメント工学　電池の仕組みから状態推定まで

| 2015年12月10日　第1版1刷発行 | ISBN 978-4-501-11720-7 C3054 |
| 2018年11月20日　第1版3刷発行 | |

編著者　足立修一・廣田幸嗣
著　者　押上勝憲・馬場厚志・丸田一郎・三原輝儀
　　　　ⓒ Adachi Shuichi, Hirota Yukitsugu, Oshiage Katsunori,
　　　　　 Baba Atsushi, Maruta Ichiro, Mihara Teruyoshi 2015

発行所　学校法人　東京電機大学　〒120-8551 東京都足立区千住旭町5番
　　　　東京電機大学出版局　　Tel. 03-5284-5386(営業)　03-5284-5385(編集)
　　　　　　　　　　　　　　　Fax. 03-5284-5387　振替口座00160-5-71715
　　　　　　　　　　　　　　　https://www.tdupress.jp/

[JCOPY] ＜(社)出版者著作権管理機構　委託出版物＞
本書の全部または一部を無断で複写複製（コピーおよび電子化を含む）することは，著作権法上での例外を除いて禁じられています。本書からの複製を希望される場合は，そのつど事前に，(社)出版者著作権管理機構の許諾を得てください。また，本書を代行業者等の第三者に依頼してスキャンやデジタル化をすることはたとえ個人や家庭内での利用であっても，いっさい認められておりません。
［連絡先］Tel. 03-3513-6969，Fax. 03-3513-6979，E-mail: info@jcopy.or.jp

制作：㈱グラベルロード　　印刷：新灯印刷㈱　　製本：渡辺製本㈱
装丁：鎌田正志
落丁・乱丁本はお取り替えいたします。　　　　　　　　Printed in Japan